「買いたい」を仕掛ける

菓子・スイーツの開発法

山本候充 著

旭屋出版

「買いたい」を仕掛ける

菓子・スイーツの開発法

目次

目次

目次

目 次

菓子・スイーツ開発

キーワード・チャート

キーワード・チャート

新商品の力

たったひとつの新商品によって、突然業界のトップに踊りだす…夢のような話に聞こえるが、洋菓子・和菓子など生菓子業界では、全国規模でないにしてもエリアトップになってしまった事例は、枚挙にいとまがないほどである。流通系にしても、同様な例はたくさんあるし、新商品によって全く新しい市場を切り開いた例もあった。

また、新商品にも匹敵するほどの着眼点を変えた改善・改良を続けることで、ベーシックな商品群での、盤石な地位を築いた事例も出てきている。

いつの時代でも、新商品のパワーは爆発力を持ちうる可能性が高く、これに懸ける各社、各店は、たくさん存在する。それだけに、競争も激しく、新商品の数は膨大なものになっているのだ。このなかで、**ヒットするものを見ると、そこにはその時代の消費者の心をとらえる「何か」が必ずある**。その「何か」を掴むために、どう迫るべきか、様々な角度から探ってみたのが本書である。

時代の変化の激しさは、21世紀に入ってから一層そのスピードを増したかのように感じられる。特にＩＴ関連の進化によって、予測もつかなかったような変化も出てきた。まさに「激変」と言うべきだろう。商品開発も販売も、この時代の変化を読み込みながら変わって行く必要がありそうに思われる。

本書は、洋菓子の専門誌に連載したものをベースに、スイーツ全般に視野を広げ、大幅に加筆、改稿したものである。**意外な所に意外なヒントを発見し楽しめるように、できる限り着眼点を提示する**ことを心がけた。最初から順を追って読むのも各項目の関連性が感じられていいだろうし、テーマごとに独立性も持たせてあるので、興味のあるところ、必要なところを拾い読みするのも、いいかもしれない。**知っておきたい**スイーツ開発やマーケティング等の用語と開発のヒントとしての図表の「キーワード・チャート索引」を目次の後につけ事典的要素を持たせ、**読みたい部分を探し出しやすく**してある。

また、各項目の末尾に、要点を「発想ポイント」としてまとめておいた。商品開発のヒントになってくれるだろう。

1996(H.8)年から『洋菓子店経営』に「商品開発考」を3年間、2003(H.15)年から『GÂTEAUX(ガトー)』に「商品開発発想法」を2年間、連載。

その後、2012(H.24)年から３年間、以前の原稿を検証しながら、時代の変化を織り込み、これからを見据えつつ、マーケティングの視点から「商品開発深考」を『GÂTEAUX』誌に連載した。幸いご好評を頂いたので、これを基に対象をスイーツ全般に広げ、大幅に加筆、改稿、出版することとした。少しでも、スイーツ開発に携わる方々の参考になるならば、幸甚である。

2016(H.28)年8月

山本候充

第1章

「欲しい」を作る

1 「あればいいね」を創造する

お客様を見抜く（顧客インサイト）

ヒット商品だから、ウチでも売れる…のか？

「○○というスイーツが売れているから、ウチでも売ってみよう」といった話しをよく聞く。ヨソで売れているものは、ウチが作っても売れる…のであれば、売れているものを見つけ出して、同じものを作ればいいことになるが、本当にそうだろうか。

スイーツ類の売れている要因を調べてみると、主なものだけでも、次のようなものがあるだろう。

①時代の嗜好傾向に合っている
②主要客層の好みに合っている
③マスコミやネットで話題になった
④パッケージデザインの人気が高い
⑤有名人が好んで食べている　等々

ヒットする要因は、複数の要素が結びついて売れたりするのが実態であるため、簡単に結論は出せないが、①であれば同じものを作っても売れる可能性はあるし、②は自店・自社の主要客層が同じであれば、売れる可能性はあるように思われる。③～⑤のような理由であれば、同じ条件をクリアしない限り、同じモノを作ってもヒットするとは言いにくいところだろう。ヒット商品をそのまま似せて作っても必ず売れるとは限らず、低空飛行を続けている商品も多いのが実情であるように感じている。

海外でのヒット商品の場合、一時の話題としての販売は効果があるだろうが、中長期的に売れるかどうかの判断は難しく、更に諸条件を考慮する必要があるだろう。

売れる商品を開発するためには、一体どこに注目し、何を考えるべきなのだろうか。菓子業や外食デザート等スイーツ開発の事例から、**「目のつけどこ**

ろ」について考えてみたい。

スイーツの力

お菓子、スイーツ類を開発する場合、基本でありながらつい忘れがちな、**他の食べ物とお菓子類との違い・価値を意識することが大切**だ。ここがスイーツ類開発全ての起点であり、原点であると思われる。

「価値」の代表は、多くの人が認識している、お菓子、デザート、スイーツ類の**癒し・和み効果**だろう。仕事など、何か一区切りついた時や、悩み事などのあった時、家族や仲間とお茶を飲み、スイーツを食べながらの談笑で、癒されたり、心和んだりしたことは、誰もが経験しているはずだ。その癒し・和みを提供することこそ、スイーツの特徴であり、第一の使命ではないだろうか。

もうひとつの「違い」は、主食と異なって嗜好品であり、食べなくても健康や命が失われるわけではない…というシビアな現実だ。つまり、食べ物としての**おいしさだけではない、別な魅力が必要**になってくるということだろう。

大震災で被災された方々が、震災後に初めてお菓子を食べた時、「やっと人心地がついた」とお話しされているのを伺った。瓦礫の中で暮らさざるを得ない、厳しい状況の中で、やっと人間らしさをとりもどせて、心が温められたということだったのだろう。生命の糧、身体の栄養を担う主食とは異なるが、**お菓子は心の栄養、精神の糧**なのである。

　こういったスイーツの特性から見えてくることだが、主食と違って**スイーツはニーズ（必要性）よりウォンツ（欲求）の方に比重がかかる**ことが多いように思われる。

　スイーツへのよりどころや価値観を、日常生活の中で、どう表現し、どう提供できるのか考えることが、菓子、スイーツ類の開発にとって、大切な課題と言えるのではないだろうか。

　時代の変化で、「**モノコト論**」が浮上する時がある。一般的に消費が成熟すると、消費者（生活者）の興味関心はモノからコト（経験、体験、人間関係等）へ移ると言われている。スイーツは心の栄養、精神の糧…心理的な食べ物であるせいか、モノの欲求や充足感だけでなく、元来モノの背景にはコトが意識されている場合が多いように感じられる。例えば、バースデーケーキやバレンタインの様々なチョコレート等、記念日・催事スイーツなどがわかりやすいだろう。スイーツ開発にあたって、モノコトが不可分とは言えないまでも、**「コト」が常に視野**

【大きい潜在ニーズ・ウォンツ】

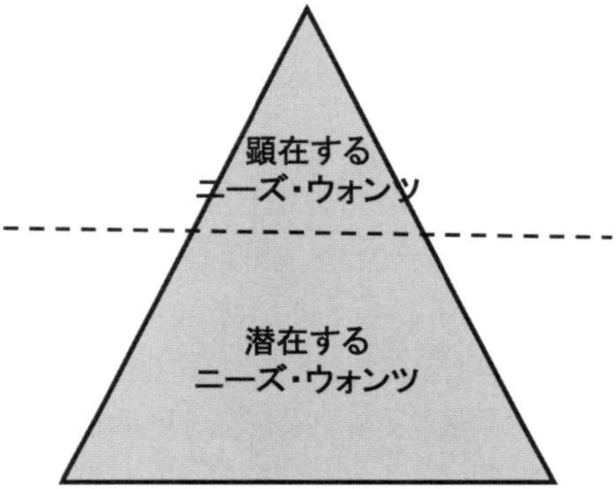

◆ニーズ、ウォンツ
ニーズneedsは「必要性」、ウォンツwantsは「欲求」

◆モノコト
モノ消費からコト志向へ。消費が成熟すると、モノの所有欲は薄れ、消費者（生活者）の興味関心はコト（経験、体験、人間関係等）に向かい、消費はコト優先になって、モノはコトを実現するために必要があれば求められるといった考え方。

に入っている方が、生命力のある開発になるように思われるが、いかがだろうか。

十人十色、一人十色

人の好みはさまざまである。十人集まれば十種類の、百人いればその**人数分の違った好み**があるかもしれない。そして、かねてから指摘されてはいるが、その中の一人一人も、**時と、所と、場合・場面（ＴＰＯ）によっては、欲しいものが変わったりする**と言われている。心理的な食べ物であるだけに、**気持ちの揺れの影響は大きい**のだろう。

そう考えてみると、好みや欲求は無数にあるはずであり、その中から何を選び出し、何に応えるか、商品開発で考えなければならないことは、無数にあるのかもしれない。逆から見ると、開発の切り口は、無数にあるとも言えそうだ。

ある時は何かにこだわり、ある時はこだわりから完全に離れるなど、**全く自在に、柔軟に発想することも大切**になってくるだろう。

あればいいね…に応える

人の好みの可能性を考え、イメージ上の公式を考えると「**十人十色×一人十色**」ということになる。この公式から想像すると、実にさまざまな欲求があることが想定できるだろう。

その多彩なお客様の多様な欲求に思いをめぐらせ、お客様の**「こんなお菓子があればいいね」という思いに応えられた時、お客様の気持ちが動き、お買い上げいただ**

◆生活者

人を単に商品やサービスを消費する者ととらえるのでなく、「生活シーンにおける消費の意義を考えながら行動する者」としてとらえる。消費は生活の一部であるとする考え方。

◆TPO

Time（時）、Place（場所）、Occasion（場合・場面）。時と所と場合によって、必要なものや欲しいものが選ばれる。

けることになるのだ。「**需要創造**」型開発である。そして、**お客様の気持ちをとらえるために、自分の経験や想像だけでなく、様々な統計や分析、見聞きしたこと、読んだこと等々、あらゆることを総動員した豊かな想像力が必要**になってくるのだ。

消費者自身が「あればいいね」と気付かない場合もあるだろう。例えば、スイーツとの結びつきが薄らいでいる催事の商品開発や、かつて人気があったけれど今や忘れられているものの見直し商品開発などがこれに当たる。こういった場合は、広告宣伝や開発した商品を生活の場に置いて見せ、「これいいね」という共感を呼び起させることが必要になるだろう。「**需要喚起**」型の商品開発だ。

立ち位置を決める

販売者側にとって、ここで選択しなければならない大きな関門がある。当然のことながら、商売として成立させるためには、利益が伴わなければならないという現実だ。**お客様一人一人の欲求に丁寧に応えるオーダーメイド型が最も自然な理想だろう。ただし、対応できる人数に限界があるため、商品単価を高く設定し、利幅を大きくしなければ成り立たない。**

一方、**多くのお客様に喜んでいただくためには、多くのお客様に共通する欲求に対応できるものを開発し、単価を低く設定して提供する必要があり、利幅が低くなる分、量でカバーすることになる。ライン前提の大量生産型の場合は、更にお客様の欲求をセグメントし、どのお客様の要望に応えるのか、どこを狙うのか、一層の戦略性が要求される**はずだ。

現実の商売では、この両極の間のどこかに自店・自社

◆需要創造
（今までなかったモノを提供することで）買おうとする欲望を、創り出す。

◆需要喚起
（広告、ＰＲ等の告知によって）買おうとする欲望を、呼び起こす。

のお客様を想定し、自店・自社の立ち位置（ポジショニング）を設定して、そこに合わせた商品開発をする…ということになるだろう。地域で、菓子専門店を経営する場合は、お客様から両面を要求されることがあるかもしれない。そういった場合は、対象商品による使い分け（商品構成分析）が、必要になってくると考えられる。

何が欲しいかわからない

アイフォン生みの親である故スティーブ・ジョブズ氏は、こんなことをも言っていた。「**人は形にして見せてもらうまで、自分が何を欲しいのか分からないものだ**」…天才らしい言葉である。

特に情報技術系だから…ということもあるだろうが、菓子類の世界にも同様なことはある。「何か食べたいな」とか、「食べたいお菓子の“感じ”はあるんだけど…言葉

◆ポジショニング
位置取り。市場における競合店、競合製品に対して、自店、自社製品の位置づけ。立ち位置。

【個別対応・量対応】

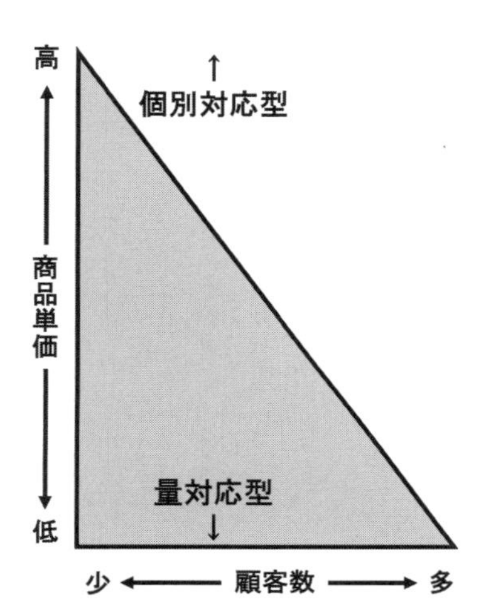

にできない」ということがあり得るだろう。こういった時は、実際のお菓子や写真を見せてもらうと、「あ、そうそう、これこれ」などとはっきりしてきたりするものなのだ。言わば、**潜在する欲求を呼び起こす**ことになるのだろう。これを発見するには、**お客様に対する深い洞察（インサイト）が絶対に必要**だ。お客様をよく観察し、その声をよく聴き、見抜くことが大切になってくる。そして、一般的にニーズやウォンツは、本人が認識しているもの…顕在するものより、認識できないもの…潜在する方が大きいと言われているが、ここをも視野に入れて開発を進めたいところである。「**需要創造**」型の開発だ。

本書中、この段で提示したキーワードや切り口を、都度指摘はしていないが、随所に考え方が登場してくるので、ご理解いただきたい。

◆インサイト
洞察、洞察力。

◆コンシューマー（消費者）インサイト
さまざまな消費者調査や情報を踏まえ、消費者の行動や態度などの根底にある本音を洞察、見抜くこと。顧客インサイト。

発想ポイント
お客様の深い洞察（インサイト）によって、「あればいいね」を発掘・創造する。

2 トレンドを読む

流行に乗るか、アレンジするか

流行とどう向き合うか

商品開発の重要なテーマのひとつに、流行･･･ブームがある。ブームをすぐ追いかけるのか、ブームを取り入れるとしたらどのタイミングにするか、ブームとは無縁の我が道を行くのか、悩むところかもしれない。更には、ブームを起こそうと狙う場合もあるだろう。

普通、商品開発の対象となる店や商品ジャンルが、生活者（消費者）の**ボリューム層を大切にする内容であれば、流行を取り入れたい**と思うだろうし、**独自性を重視し個性的なものを目指すのであれば、流行と切り離して考えたくなる**かもしれない。

また、**主要客層が若ければ、流行に敏感なほうが喜ばれそうであるし、年配の顧客が多いのであれば、流行の内容によって、取り入れるかどうか決めるほうがいい**ように思われる。土地柄というか、**地域性に影響されることもある**だろう。伝統を重んじて守り続けようとする地域もあれば、新しいものを積極的に取り込む地域もあるのだ。

以上のように考えてくると、流行との距離感は、対象とする主要客層によって違ってくるということになる。**流行をどの程度取り入れるべきかは、全ての場合が同じではなく、主要対象客層が決める**といってもいいだろう。

また、ブームはスイーツの中でのジャンルや、業態によっても異なるはずで、スイーツだからと言って、一律に影響があるわけではない。

ブーム商品の取り込み

スピードを重視するためか、原形にこそヒットの要因があると考えるためか、ブームになっている商品とまったく同じものを売ろうとするケースによく出会う。この場合、ブーム商品を購入している客層、ヒットしている業態、エリア等に注意すべきだろう。現状の主要客層、またはこれから獲得しようと考えている客層等と、著しい違いがある場合は、そのまま導入せず、**販売主体の独自性を出すなど、条件に合わせたアレンジを検討してみる必要があるの**ではないか。対象にしているお客様が、「是非欲しい」と思うような商品に仕立てなおすことが肝要になってくるだろう。

※前段「『あればいいいね』を創造する」参照

流行と傾向（ブームとトレンド）

ブームとは何かを考えてみよう。世の中の多くの人々が同じ時期に、それを好んで買い求め、強く支持するようでなければ、ブームにはならない。つまり、**ブームは同じ時代、同じ環境に生きる人に共通する欲求や必要性が表れたもの･･･「時代の気分、嗜好」**と見るのが適切に思われる。これが拡がり、つながって大きな流れを作って行くのだ。そう考えると、**ブームに飛び込まないにしても、しっかり視野に入れておく必要がある**だろう。

この流れをたどって行くと、傾向･･･トレンドが見えてくる。慣れてくると、その傾向の先がおぼろげながら感じられ、新しい流れを推測する手がかりが見えてくるはずだ。

時代とともに、嗜好は少しずつ、じりじりと変化して行く。商品開発だけでなく、商品の改善や改良なども、この**変化に気がつかないと、いつの間にか生活者（消費者）と離れていって、独りよがりのモノづくりに陥ってしまう危険性がある**のだ。まして、昔より何倍も速いスピードで時代が変化している今、しっかり注視していないと、見失ってしまうかもしれない。

改善、改良については、ひとつ大事な点を注意していただきたい。昔から、**「ヒット商品は、素材や製法を簡単に変えるな」と言われている**。たとえ以前より優れた素材を使ったにしても、「味が変わった。食べたいと思っている（ヒットした商品の）あの味ではない。」というマイナス評価につながりやすい。ヒット商品の味は、消費者に覚えられているため、短期間で、極端に変えると、問題がおこりやすい。こういった商品の場合は、**長期間販売し続けているものに限り、トレンドに合わせたごく微細な変更に留める方が賢明**だろう。

トレンド(傾向、風潮)をしっかりとらえ、活用することができれば、商品開発の方向性を見失うことなく、判断基準をも持てるようになるはずである。

トレンドをどうとらえるか

商品開発で、トレンドを取り込むことは、重要なことのひとつだが、漠然と雰囲気ではわかっていても、何がトレンドであるかを見極めるのは、案外難しい。

世の中の目につくこと、話題になっていることを、単に集めたり並べたりしてみただけでは、トレンドはなかなか理解できない。その**話題(トピック)を、いくつかの項目に分類し、似通った性質のものを集めてみることで、傾向が見え始める。「トピックス一覧」**を見ていただきたい。これを毎年自分で作ることで、トレンドがとらえられるはずだ。

まず、**人気商品や話題になっている商品を集め**てみよう。テレビ、雑誌、ネット情報、業界情報、市場を見て売れていると感じたものをトピックス一覧に記入してみる。記入する目安は、各種媒体などに複数回話題になったものを取り上げると見誤ることは少ない。

次に、これらの商品の**何が売れているファクター(要素)であるか、「素材・原材料」「食感」「味・風味」「スタイル・形態」に分類して、記入**する。自分が知りたい項目があったら、必要に応じて増やすことをお勧めしたい。世の中の流れを追いかけながら、**一覧表の内容を常にメンテナンス**して精度を高め

【トレンドの3T】

Stage		期間	持続性
トラッド Trad	慣習 伝統	10年以上	
トレンド Trend	傾向 流行	3〜5年	
トピック Topic	話題 走り	1年程度	

【スイーツ類トピックス一覧2011（抄）】

商品・製品 Product	素材・原材料 Material	食感 Texture	味・風味 Taste	スタイル・デザイン Style
コンビニロールケーキ 半熟かすてら バウムクーヘン ラスク、変わりラスク 塩スイーツ ドーナツ、生ドーナツ 果実・野菜大福 かりんとう饅頭 牛乳寒天	チーズ マスカルポーネ ドライフルーツ 米粉 味噌 醤油 桃 トマト 安納芋 ショウガ（ジンジャー）	とろふわ なめらか・とろり ジュワッ 口溶け もちもち、もっちり サクサク、サックリ カリッ プルプル	濃厚、濃い味 カスタード風味 チーズ風味 焦がし風味 和風	キューブスタイル ワンハンドイート グラススイーツ 和包材 黒

ることが大切だ。

トレンドの強さを知りたい場合は、人気商品や話題商品、新商品などの素材・原材料等の項目別に表を作成して集計すると、数値としてとらえられるだろう。より一層明確になるはずだ。

更に、**開発候補アイテムを決めた後、ベンチマーク（基準）品を決め、より具体的なファクターまで掘り下げ**てみよう。例えば、「ロールケーキ」の中でも、コンビニの一人用にカットされたロールで、一重巻きクリームたっぷりタイプ、生地はフワフワ…等、**分析結果からヒット要因を推測し、自分が対象としているお客様の欲求に合わせて、開発品のイメージを組み立てる**のである。

この一覧表は、現在話題になっているものを集約した情報インデックスとして使えるだけでなく、慣れてくるとこれらのファクターから透けて見えてくる時代傾向が読み取れるようになるはずだ。

◆ベンチマーク
基準になるもの。

◆トレンドの３Ｔ
トピック（Topic 話題、走り）、トレンド（Trend 傾向、流行）、トラッド（Trad 慣習、伝統）のこと。（「トレンドの３Ｔ」表参照）

更に、このトピックス一覧を毎年作り変えて行くことで、もっと見えてくるものがあるだろう。左ページの「**トレンドの３Ｔ**」を見ていただきたい。**トピックに２年連続登場するようなら、トレンド（狭義の）に成長する可能性が高くなって行き、トレンドに成長すれば、４〜５年くらいは続くことになるだろう。そしてこの傾向が５年を越えて続いて行くならば、かなりの確立でその傾向は定着して行く**ことになるはずである。

このトレンドの３Ｔを参考に、対象店･企業の主張、性格、客層に合わせて、いつ、どの程度取り入れるのか、ブーム商品はいつ取り入れるべきか、いつ止めるべきかを判断して欲しい。

繰り返すが、**トレンドは時代の気分や空気を映している。これをとらえ、商品の中に生かすことで、顧客の望みや気分にかなった価値の提供ができる**はずだ。

発想ポイント　**トレンドからヒットファクターを見抜き、組み合わせて、商品イメージを作り上げる。**

3 景気に連動する商品傾向

「素」と「華」の流れ

華やかな時代、素朴な時代

日本の文化史を大まかにながめてみると、ある特徴に気がつく。「華やかな時代」が点在することである。よく知られているところをざっと挙げてみると、平安時代、室町時代、安土・桃山時代などの一時期、江戸時代の元禄期等がある。近代以降では、明治の鹿鳴館時代、大正デモクラシー期、昭和元禄、バブル経済期などが思い浮かぶだろう。

どうやら、**文化は華やかなものを追い求める時と、その反対の素朴なものを良しとする時期がある**ように思われる。歴史を振り返ってみると、政権を握っている人々の好みや考え方に影響された特定の時代を除けば、**景気の良し悪しに大きく影響されている**だろうことが推測できる。

一般的に、**好況期には華やかなものが好まれ、不況期には素朴なものや定番が好まれる傾向がある**ようだ。生活者（消費者）の心理、消費マインドを想像すると、わかりやすい。当然のことながら、景気のいい時は、財布に余裕があるため気持ちは自然に明るくなって、消費意欲は旺盛で、華やかで贅沢なものに憧れたり、新しい料理や食べ物にチャレンジする冒険心も強くなったりする。景気が悪くなるか、先行き不安が強くなると消費意欲は縮み、安くておいしいものが好まれ、無駄遣いを嫌い、どんなものかわかっていて失敗のないベーシックなものを選ぶことが多くなって行く、安心志向傾向が強くなるようである。

好況期は、「楽しみたい」「遊びたい」欲求が強く、不況期には、「癒されたい」「和みたい」欲求が強くなるのだろう。**時代の空気**のようなもので、誰しも感じるわかりやすい傾向なのだが、いざ商品化しようとすると、具体的な商品が思い浮かばず、手がかりや商品の決め手となる価値付けをどうすべきか、意外にわかり難いようだ。**実例を見ながら、検証することでその感覚を把握できる**のではないだろうか。

環境変化とヒット商品

実際の環境や市場の変化の中で、好まれる商品は、どんなふうに変わって行くのだろうか。時代背景を想像しつつ、P.31の「ヒット商品と消費傾向」表を見ていただきたい。

2006年（H.18）の頃、景気自体はさほど悪くなかったようだが、成長性は乏しく、景気がいいという実感に欠ける時期だった。消費マインドはまだ冷えてはいなかったと記憶しているが、「人口減少」「格差社会」など、漠然とした不安が漂い始めた時だったかもしれない。

2007(H.19)になると、新興国のバイイングパワーや、バイオ燃料等の問題から、穀物不足が起こり物価は上昇、ガソリンの高騰と相まって、生活者は大きな打撃を受ける。2008年2月から景気は下降して行ったと言われているが、表を見ながらその当時を思い出していただきたい。ヒット商品は、低単価なものへ、素朴なものへシフトしているのが、わかるはずだ。

ここに至る少し前の時代は、どうだったのだろうか。2000（H.12）年頃から人気が出始めたパティシエのブームが到来し、デザイナーズケーキなども登場、個性的で華やかなケーキの数々が競い合い、2003（H.15）年にはスイーツブームが起こって来た状況が、鮮明な記憶として残っている人も多いことだろう。何か特定の商品がヒットしたというよりも、百花繚乱とでも言えそうなほど、多彩なケーキやショコラがあふれていた華やかな時期だったのかもしれない。

こう眺めてみると、**時代の景況感は、好まれる商品の傾向に、どう反映したか**がわかってくる。

「素」と「華」

景気の良し悪しによって、華やかなものが好まれたり、素朴なものが好まれたりすることはわかっていても、現実的な商品化の際に、どこに着目し、どういうことに留意して組み立てて行ったらいいのか考えてみよう。

P.32のイメージマトリックスは、過去のヒット商品などから、菓子類とそれを演出するパッケージや店舗のイメージの傾向を分類整理したものだ。

キーワードを、「素」と「華」に設定した。**素と華は、商品だけを意味するのでなく、パッケージや商品陳列のステージ、売り場作りなど商品を演出する部分も関連**している。

これを参考にして、**現状の商品を分類**してみていただきたい。一般的に洋生菓子に例えるとシュークリーム、エクレア、プリン、オムレット、プチスフレチーズケーキなどは、「素」に感じられるだろう。おしゃれなオーナメントやトッピングで飾られたケーキ、工芸品のように繊細なプチガトー（小型ケーキ）、フルーツたっぷりのタルト類等は、「華」に分類できる。

和生菓子の場合、朝生や並生は「素」だろうし、上生菓子は「華」になる。

どちらに分類していいかわかりにくいものは、中間的なものとして、どちらにも属さない別分類にしておく。無理して分類すると、傾向がはっきり見えなくなるので注意したい。分類することが目的ではなく、傾向をはっきりとらえることが目的だからだ。

景気が動き始めたと感じられたら、特に生菓子など、対応しやすい物から少しずつ商品構成を変化させ、反応を見ながら調整し、売り場の演出も変える方がいいだろ

◆和生菓子

朝生（あさなま）

朝作ってその日のうちに売り切る和生菓子。桜餅、草餅、おはぎ等。

並生（なみなま）

団子、大福、小麦饅頭等大衆的な和生菓子。

上生（じょうなま）

練り切り、雪平等手間のかかる上等な和生菓子。

う。**時代の気分に合わせられ、景気の変化に対応できる**はずである。**焼き菓子も、これに準じて訴求商品をシフト**させることが必要になってくる。

それと連動して、個装など**パッケージングも、素と華の使い分けができると商品の性格がはっきりし、消費者にとって印象深いものとなり、納得感も出てくる**だろう。その商品化の際、このイメージマトリックスが役立つはずである。

地域によって、その速度にバラつきがあるため、**お客様の買い方の変化や、商品の売れ行きの変化に注意して変える**のがいいだろう。時代に合わない商品構成のまま出し続け、売上不振に陥る誤りをさけることができるはずだ。

【ヒット商品と消費傾向】

年	環境と市場の変化	消費の傾向	ヒット商品
'06 H18	人口減少始まる 格差社会、ワーキングプア	お取り寄せ 二極化	ビンプリン
'07	穀物不足、ガソリン高騰 物価上昇 エキナカ話題	巣ごもり消費	生キャラメル スティックケーキ バウムクーヘン ビスケット ドーナツ
'08	ネットスーパー本格稼働 9月リーマンショック、金融危機 物価下降	買い控え ネット販売	鯛焼き 一重巻きロール
'09	雇用不安 5月新型インフルエンザ 外食不況 エコカー減税、エコポイント	節約 スーパーPB人気	クリームパン(チルド) 半熟カステラ
'10	猛暑(7～8月) スマートフォン急拡大 SNS急拡大	節約疲れ プチ贅沢 定番回帰	コンビニロールケーキ 牛乳寒天 かりんとう饅頭
'11	3.11東日本大震災、原発事故 電力供給不安 8月台風禍 農産物不作等による値上げ圧力	消費自粛 節電 復興需要 利他消費	塩キャンディー(節電、熱中症対策)

【イメージマトリックス】

カテゴリー	素	華
コア	・自然 ・手作り	・人工的 ・機械生産、量産
フィーリング	・素朴 ・牧歌的、土の匂い	・装飾的、技巧的 ・工業的、金属的
形状	・不定形、ふぞろい ・丸みがある ・やわらかさ	・定型、均一 ・鋭角的 ・硬質
触覚	・凹凸がある ・艶なし（マット） ・あたたかみ	・平滑 ・光沢あり（グロス） ・冷たさ
カラー	・中間色 ・やわらかい色 ・ナチュラルカラー、生成り	・原色、純色 ・はっきりした鮮やかな色 ・ビビッドカラー
材質例	・茶クラフト（紙）、段ボール ・木綿、つむぎ ・木、陶器 ・焼きむらのあるレンガ ・割ったままの面を出した石	・コート紙 ・化学繊維 ・プラスチック、ステンレス ・レンガタイル ・磨き上げた石

「素」の根強さ

ひとつ、興味深い傾向がある。一般的に、**地域一番店と言われるような名声店には、「素」のくくりに分類されるような人気菓子を持っている店が多い**ように感じられる。

また、店格設定によって販売している商品は多種多様にわたるとしても、**「華」のコンセプトの菓子専門店で、「素」のくくりの売れ筋商品を持つ店が多い**ように感じられるのだが、いかがだろうか。これは、日本人のトラッドな好みの部分に根差しているのかもしれないが、「素」の商品は好不況など時代の変化に強いからではないかと考えられる。

流通量販菓子系で言うと、「素」はベーシックで定番的な商品を指し、「華」のくくりでは、遊び要素が強く、意外性の強い商品や、ベーシックタイプのデラックス版のような商品ということになるだろう。売り上げを長期的に調べてみると、ベーシックで定番的な商品の根強さがわかるはずである。シリーズ商品などは、この傾向がはっきり出てきそうだ。

◆流通（量販）菓子
大量生産、大量販売する卸菓子。流通菓子。キャラメル、キャンディー、チョコレート、スナック菓子等の箱菓子、袋菓子類。

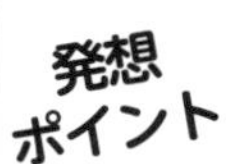

好況期は「楽しみ」「遊び」が好まれ、
不況期は「癒し」「和み」が好まれる。

4 食シーンから発想する

6W1H

盛り上げる

バケツプリンや顔程もあるビッグシュー、超ロングロールなどが大人気になったことがあった。どんな時に使われたか、聞いてみると、そのほとんどがパーティに使われたもののようである。想像を超えたジャンボサイズのスイーツの登場で、大いにパーティが盛り上がったことだろう。想像するだけで楽しくなってくる。

このように、パーティなど、スイーツが食べられたり使われたりする**シーン（場面）を想定し、そこで求められる商品を開発する手法**がある。様々なジャンボサイズ商品の開発者は、これを見て驚く人々の顔やパーティがグッと盛り上がるのを想像し、楽しみながら開発したのではないかと思われる。**シーンを想定するには、豊富な経験と、豊かで柔軟な想像力の助けが必要**になってくるに違いない。

※「スイーツの食べ方・使い方」図（P.36）参照

バースデーケーキの好み

一般的にバースデーケーキと言えば、年の数のローソクとイチゴを飾った生クリームのデコレーションケーキをイメージする人が多いだろう。言わば、誰でもバースデーと言えばイメージする定番のバースデーケーキである。子供たちは、このタイプを喜んでくれるが、更に小さい子供たちは、アニメ的なイラストものやキャラクターものの方が、ケーキをデコ箱から出した時に、もっと喜ぶかもしれない。

また、少し大人になってくると、どうだろうか。好みが多様化し、定番よりも大人っぽいデザインを望む人も増えそうだ。少子化・人口減少の時代、こういった好みの多様性をとらえ、バースデーケーキのバリエーションを豊かにすることで、需要を拡大することができるはずである。

バースデーケーキひとつとってみても、**同じ名前であるのに、求められているものは同じであるとは限らない**ことがわかる。こういった時、その**スイーツが食べられ、使われるシーンを想定し、そこに登場する人（顧客像）と場の空気などを推察することで、どんな商品が望まれているかが見えてくる**。その見えてきた**お客様が望むものを商品化し、提供できれば、お客様から支持され、売上は必ず上がって行く**はずだ。

そして、商品開発できた時にバースデーケーキのような記念日スイーツは、写真でもいいので、必ずお客様に見えるようにすべきだろう。定番の他にも、小さい子が喜ぶ楽しそうなイラスト入りのバースデーケーキや、大人っぽく魅力的なデザインのサンプルがお客様にお見せできれば、お客様もシーンを思い浮かべやすく、買う気をそそられるだろう。言葉で説明するよりも、見せることの方がわかりやすく、インパクトは強いはずだ。実感が大切である。まさに「百聞は一見に如かず」なのだから。

※キャラクターをバースデーケーキに使って欲しいという要望は多いように推測するが、キャラクターは作者に著作権があるため、使用料を払わなければ使えないので、注意すべきである。

スイーツの楽しみ

ケーキなどスイーツを食べたり使ったりするシーンを思い出すと…

①自分へのご褒美や自分の楽しみ・癒しなど、自分自身のために食べる場合や、**②誰かとお茶を飲みながら食べたり、パーティ等の和みとして食べたりする**場合、**③プレゼントや手土産など、誰かの喜びや楽しみ、ご挨拶に差し上げる**など、大きく分けると３つがあるだろう。お菓子が、コミュニケーションツールとして使われることが多いのがわかる。

若い女性たちが集まって、ティーパーティを開く時だったとしたら、どんなスイーツを選ぶだろうか。女性は、食に関して積極的で、冒険心が強いと言われている。若ければ余計、その傾向が強いかもしれない。

また、女性は食べ物の話題が大好きだが、特に若い女性は、ブーム商品や話題商品など、新しく刺激的な商品への感度の良さを共有したがる傾向があ

【スイーツの食べ方・使い方】

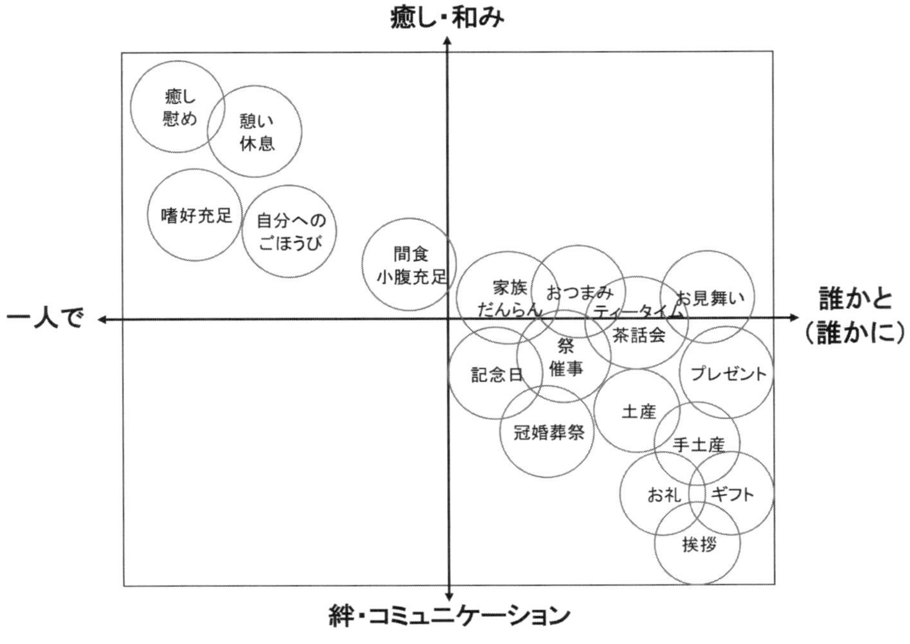

癒し・和み

一人で

誰かと（誰かに）

絆・コミュニケーション

癒し 慰め

憩い 休息

嗜好充足

自分へのごほうび

間食 小腹充足

家族だんらん

おつまみ

ティータイム

お見舞い

茶話会

祭 催事

記念日

プレゼント

土産

冠婚葬祭

手土産

お礼

ギフト

挨拶

る。そういった商品の話題であふれるパーティになるだろうから、**話題性のあるトレンディーな商品の、品揃えが求められ、開発が必要になってくる**はずである。

年配の女性たちの茶話会であれば、また違ったものが求められそうだ。食べ物の話題が多くなりそうな傾向は多分同じだろうが、その内容は違っていそうだ。若い人達が好むスイーツより、少し小ぶりで、甘めのものになりそうにも思われる。**いつ食べても裏切られない、安定した「変わらぬおいしさ」で、安心して食べられる定番スイーツの価値**を、確認し合い、支持する話題になって行くかもしれない。

子供たちはどうだろうか。シュークリームやショートケーキなど、ややボリューミーなものを好むだけでなく、**仲間の世界の中でこそ楽しめる商品や話題商品を欲しがる可能性がある**かもしれない。子供たちは、子供たちだけの世界を持ちたがっている。例えば、大人が考える普通の楽しみ方だけでなく、「流通菓子の都市伝説」的な「幸運の○○」のような、子供の世界での縁起担ぎや見立てであったり、子供の考え出した食べ方であったりする子供の欲求の中から、おもしろいミニブームが生まれるかもしれない。

こういった切り口から商品イメージをとらえて行くのだが、土産やギフトなど、まだ細部が詰め切れない場合は、6W1Hを参考に考えるといいのではないか。

6W1H

P.38の表を見て頂きたい。シーンを想定するのに、6つのWと1つのHを考えると、より細部を詰めることができるだろう。

「誰が、誰と（誰に）、いつ、どこで、なぜ(どんな欲求

◆都市伝説
現代の都市で、広く伝わる根拠のあいまいな噂話。

◆6W1H
「シーン想定」表（P.38）を参照。

【シーン想定】
6W1H

●食べられるシーン、使われるシーンを想像して発想する。

誰が Who	誰と Whom	いつ When	どこで Where	なぜ どんな欲求で Why	何を What	どのように 食べるか(使うか) How
消費者像 (生活者) 年齢 性別 職業 経済力 好み等	ひとりで ペアで 家族で 友達と みんなで	季節 時間帯 朝、昼、夜 食後 おやつ時 夕方、深夜	レストラン カフェ 自宅 訪問先 職場 アウトドア	楽しむ お祝い ごほうび 憩い 癒し 小腹補充 プレゼント	?	音楽を聞きながら パーティー 茶話会 会食 持参 宅配

で)、何を、どのように食べるか(使うか)」を考え、「何を」を導き出すのである。これは基本型なので、項目全部が埋まらず、必要なもののみでもいい場合もあるだろう。

バレンタインを例に考えると、わかりやすい。

①若い女性が、本命の彼へ、バレンタインデー当日にあげるとしたら、どんなチョコレートをイメージするのだろう。

②若い女性が、職場の同僚に、義理チョコ、感謝チョコをあげるとしたら、どんなものが好まれると思うか。

③年配の奥さんが、ご主人に、日頃の感謝の気持ちを込めて贈るとしたら、どんなチョコレートを選ぶだろうか。

この３つの例題から、６Ｗ１Ｈを使ってみて、シーンとストーリーからの開発に慣れていただきたい。

食べ、楽しむシーンを具体的に想像して、求められるものを発見する。

5 誰もやっていないことを狙う

空席・隙間はブルーオーシャン

空席とは

以前の話になるが、なめらかプリンがヒットするまでの長い間、プリンはスーパー等で販売している大手食品メーカーの100円台のプリンに市場を奪われ、洋菓子専門店のショーケースから姿を消していた時期があった。専門店にとってプリンは、**かつて販売していた商品だったが、ある時から姿を消した商品…つまり「空席」**になっていたのである。

なめらかプリンは、当時スーパーなどで売られていた100円台のゲル化プリンではない元来の製法で作り、生クリームを加えることで食感と風味を向上させ、専門店の商品としてよみがえったのだ。開発者が、「空席ねらい」を意識していたかどうかはわからないが、結果的には空席ねらいになっていたのである。このように、**かつてそこに何かがあったのに、何らかの事情でなくなっている「空席」をねらうのも、効果的な商品開発のひとつ**だ。爆発力の大きさは、記憶に残っている。

空席を見つける

空席の意味はわかったが、それがいつでもあるとは限らない。空席はどうやって探したらいいのだろうか。参考にP.41の「焼きたて菓子市場」の図を見ていただきたい。

シュークリームのブームが長かったこともあるが、その後しばらく「焼きたて」イメージ商品は出ていない。思い出してみると、この頃ヒットしていた商品は、ニューヨークチーズケーキやその後ブームが長く続くロールケーキだ。そこへ、バウムクーヘンが登場してきたのだった。従来のややハードなものと違うソフトな食感のバウムクーヘンである。バウムクーヘン自体も、

長いことやや印象が弱くなっていたし、焼きたて菓子もスター不在状態だった。つまり、**かつてのヒット商品や人気商品で、その後印象が薄らいでいたり忘れられている商品、「焼きたて」のような消費者への訴求点等による分類の中で、途切れているものを探すことで、「空席」が見つかる**だろう。

ここで注意していただきたいことが２つある。ひとつはこれまでの記述でお気づきだろうが、**時代は変化しているので、空席に投入する商品は、以前のものと全く同じではない新しさを加味している**ことと、もう１つ大切なことは、**発売時点の消費者が望むものであるかどうかを、検証しなければならない**ということである。

隙間の可能性

空席に似たものとして、「隙間（ニッチ）」がある。「現状何もない」というところは同じだが、空席は以前そこに何かがあって現在空いている状態なのに対して、**隙間は既存の大きい市場や、参入企業の多い商品ジャンルに挟まれた間の、基本的に手つかずの部分**を意味してい

◆空席
かつて販売されていたが、今は販売されていない商品を指す。

◆隙間
既存の大きい市場や参入企業の多い商品ジャンルに挟まれた手つかずの分野。ニッチ。

◆ブルーオーシャン
競合の激しい既存領域を意味するレッドオーシャンに対して、競争相手のいない領域、未開拓領域のこと。→空席、隙間

る。**前例がないだけに、空席ねらいよりも、リスクは大きくなる**のが普通だが、そのかわり**競争相手のいない、ブルーオーシャンになる可能性はより高い**と考えられている。

前述のなめらかプリンと少し異なる事情はあるだろうが、同じように突然のごとく息を吹き返した「かりんとう」のブームは空席ねらいであり、「かりんとう饅頭」は隙間ねらいであったのかもしれない。また、かつて流通菓子の定番であった「ラスク」のブームは、スイーツ界にとって空席ねらいであり、洋菓子専門店にとっては隙間ねらいになったのだろう。

【焼きたて菓子市場】

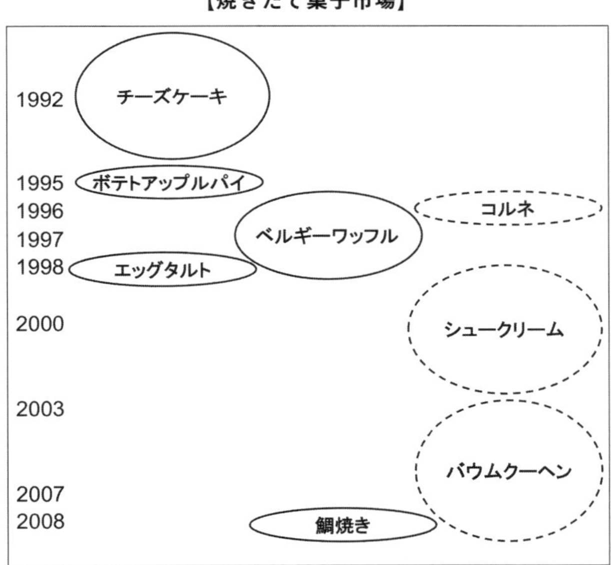

※点線で示したものは、シュークリームのように、焼き上げたシューパフを一度冷ましてからフィリングクリームを充填するので、「焼きたて」そのものと少々違うが、焼くところを見せることで「作りたて」感を強調していて、生活者(消費者)には「焼きたて」イメージが強いと思われるものを表している。

「あったらいいね」を追求する

東日本大震災後のことだが、缶詰のビスケット類の売り上げが伸びて話題になった。用途を調べてみると、意外なことに災害時の非常食用として買われていたのだ。通常の備蓄用の乾パンではやや物足りないと感じたのだろうか、代わりに缶詰のビスケットを備蓄用に買い、賞味期限切れになる前にお茶菓子として食べ、新しいものと入れ替えるのだと言うのである。惣菜類でも同じような購買行動が見られ、日常食のローテーションの中で、非常食を考える人たちが出てきた結果だった。目から鱗である。(ローテーション消費)

これは、販売者側からの仕掛けなのか、消費する側の知恵なのかはっきりわからなかったが、**菓子の分野から見れば、主食の部分への進出であり、隙間だと言える**だろう。

半熟かすてらも、隙間商品と言えるかもしれない。日本の洋菓子を生まれた国別にみると、フランス、ドイツ・オーストリア(ウィーン)、アメリカ、イタリアがほとんどだ。その中に、カステラの祖形と言われるポルトガルの菓子「パン・デ・ロー」を、「半熟かすてら」として持ち込んだのであった。国別の隙間である。

隙間というと語感はあまり良くないと思われる方がいるかもしれないが、**多くの人が参入しやすく競合が激しい市場を選んで消耗するより、人があまり目をつけないようなユニークなもの、ある種マニアックで簡単には入り込めない市場を占有して独走する戦略とも言える**のではないか。ただし、身近にお手本の無い世界に入り込むことになるので、商品開発はかなりの独自性、独創性が必要になってくるだろう。

果実菓子のジャンルになるが、甘栗の皮をむいて、すぐ食べられるようにした商品が話題になり、大ヒットしたことがあった。これも隙間型の商品だ。

ここでのキーは、「あるといいね」ではないだろうか。**今までなかったけれど、こんなものが「あるといいね」と思えるもの**が、ヒットしそうに感じられる。

空席や隙間が見つかった時に、注意しなければならないことがある。そこ**に参入する人がいないということは、大きな可能性がある反面、誰かがトライして失敗したところであるかもしれないのだ。大きな可能性と同じくらいの危険性を考えて、慎重に判断する必要がありそう**だ。

発想ポイント
競争相手のいない分野をねらい、
消耗戦を避け、独走する。

6 発想を豊かにする ライブラリー

資料は選択肢を増やしてくれる

開発テーマは３つの方向

商品開発にとりかかるきっかけや理由には、さまざまな場合があるだろう。例えばギフトやプレゼントを強化したいとか、気軽につまめるスイーツを欲しいといった①**用途や商品の性格がテーマになる場合**、新しく手に入っためずらしい素材・原材料に刺激されたり、地域の特産物を使った菓子を開発したいというように②**素材・原材料がテーマになる場合**、ヒット商品や海外の商品がヒントになったり、顧客の一言がヒントになったりするような③**お菓子のイメージが先行する場合**など、大別するとこの３つが考えられる。

想を練る

開発したい商品の方向が決まった後、商品の構想をどんな風にして練り上げ、ふくらませ、開発して行くといいのか、着手する前に、工夫してみることも大切だろう。

新商品の案の練り方は、開発担当者それぞれ多様であろうし、違っていると思われる。ある程度商品のイメージがある場合は、ほとんどの人は**科学実験のように素材を使いながら、素材の性質を確かめつつ試作を重ね**たり、**素材と素材の組み合わせを試しながら、可能性を探り出し**たりしている場合が多いと聞いている。ケーキやデザート等は、実際の素材を使って、試作しながら徐々に商品イメージを具体化するといった方法が現実的なのかもしれない。

開発商品のイメージが定まっていない場合は、**本や雑誌、レシピ集からヒントを得**たり、**伝統的なお菓子に立ち戻って想を得**たり、**他店・他社の商品やブーム商品、話題商品を参考**にするなどの方法を使って、想を練って行くのかもしれない。この過程でよく言われるのは、参考品をヒントにして浮かんだアイデアを、スケッチやメモにしながら、イメージを作り上げて行く方法を勧める人が多いようだ。書くことによって、さまざまな気付きがあったり、商品イメージが明確になって行くからなのだろう。

参考資料は武器になる

想を練り上げる過程で、いくつもの問題点が浮上してくることだろう。それら一つずつの解決法を見つけながら、手探りしつつ開発が進められることになる。この時、問題解決の糸口やヒントになるたくさんの参考資料があったら、開発に要する時間が短縮され、選択肢は増えて行き、よりふくらみのある案ができるのではないだろうか。**商品開発をより広い視野から検討し、より魅力的な商品を開発するために、資料の整備がなされ、情報がいつも豊富に使える状態にしておくことが、大切**になってくる。

新商品の開発には、様々なケースがあるはずで、ヒントにするものも、幅広く様々なものが必要であろうと推測される。それら様々な問題解決のヒントになりうるものと、開発の組み立てに役立ちそうな資料を準備しておくことができれば、商品開発の不確実さや苦労の何割かが、軽減されるはずだ。

資料ライブラリー

資料の利用方法は、いくつかあるだろう。パソコンを常時使っている人は、パソコンをフル活用したいと思うかもしれない。

パソコン使用の長所の第一は、検索機能だ。調べたいことを検索にかければ、**瞬時に情報が集められる**スピードも、大きな魅力である。インターネットだけでなく、自分のパソコンの中にある情報も検索できる機能付きがあるだけでなく、ソフトもあるので、これをネットから入手すれば、自分のパソコン内のものも、瞬時に検索できる。

第二は、**膨大なインターネット情報が使える**ことだ。ただし、**ネット上の情報は、玉石混交で、信用できない情報も紛れているため、利用する場合には、**

注意が必要である。複数の情報と突き合わせたり、信用できる人や組織の発信する情報・書籍等で検証したりするといいだろう。

ここは、かつての商品開発の情報収集と大きく変わった部分だろう。

ネット等の利用だけでなく、自分のパソコンにストックしたレシピ（ルセット）や各種情報を利用できることは、説明するまでもないだろう。これら、パソコンの中などにストックしておきたいものがあれば、後述のクリッピング（切り抜き）と同様、パソコン上にファイルを分類・作成して整理する方法やクラウドを利用する方法もある。

従来から行われている最も一般的な方法は、雑誌や本の収集、新聞・雑誌類のクリッピングだろう。

ここでおすすめしたいのは、現実的で簡単に始められもので、**重要なファクター（要素）を見つけ出し、それを分類してファイリングする方法**だ。ファイルのサイズはＡ４に統一しておくと便利だろう。ここにレシピカードや、雑誌や新聞などの切り抜き、本をコピーしたもの、展示会等で入手したパンフレットなどを、その都度入れるのだ。こうしておくと、いつもはどこかに紛れて無くなってしまっていた情報や、断片的で細かな情報も、立派な資料として生きてくる。パソコンと違うところは、**多様な資料の同時一覧性**があることだ。個人差はあるだろうが、**想像が自由に行き来し、発想を飛躍させる場合の刺激やヒントになることが多いのが利点**だろう。

勘所は分類である。**分類の良し悪しが、使える資料になるかどうかの分か**

れ道になるだろう。どうしたら自分が使いやすくなるのかは、使いながら分類の改善・改良をし続けることが、現実的で有効な方法だ。それには、**クリッピングした情報が、自由に移動できるようにしておく**ことが大切である。スクラップブックなどに貼り付けてしまうと、分類を変えたい時に、移動ができなくなってしまうからだ。意外な盲点であり、肝心なところである。

分類の一般例を見てみよう。

まず①**素材の分類**だ。例えばクリーム等乳製品、果実（情報量が多い場合はストロベリー、ラズベリー、アーモンドなど個別の果実分類）、糖類、粉類、穀類、チョコレートなど、実際に使ってみて、使いやすい分類に修正することをおすすめしたい。

次に②**お菓子の分類または製法分類**だ。シュークリーム、ショートケーキ、チョコレートケーキ、チーズケーキ、バターケーキ類、焼き菓子類、クッキー類などといった分類になるが、フランス菓子、ドイツ・ウイーン菓子、和菓子の分類や菓子協会の統計上の分類なども参考にするといいかもしれない。

次は③**形態・デザインの分類**が必要だろう。ロールケーキ、タルト、デコレーションケーキ、カップもの、スティックもの、スライスもの、オーナメントなどといったものもここに分類するといいのではないか。

他にも、自分が使いやすい分類や、パッケージ・包材等必要項目があれば、作って頂きたい。使いながら改善・充実させて行くと、１年もしないうちに、実用的で使いやすい資料ライブラリーができてくる。更に、何年も継続して行くと、**ヒントの宝庫**に育つはずである。

パソコン、クリッピング共に、それぞれの長所があるので、併用をおすすめしたい。また、本や雑誌の収集等、他の方法にも長所はあるはずで、併せてお使いになる方がいいように思われる。

発想ポイント　**使いやすい分類にすると、力のある生きた資料になり、商品の魅力アップの補助になる。**

第2章

お客様の心をとらえる

1 体感温度で“欲しいもの”が変わる

季節概念だけでは買う気にならない

気温の変化はおいしさを変える

季節の変わり目は、天候が不順になりやすいものだ。春先の「三寒四温」のように、**季節の「走り（先駆け）」と「戻り」を行ったり来たり繰り返しながら、季節は移って行く**。そういう時が一番わかりやすいのだが、**寒い日が続いていた次の日が暖かいと、実際の気温より高めに感じ、暖かい日の次の寒い日は、実際の気温よりも低めに感じる**もののようだ。このように、**気温ではなく、人が体で感じる感覚的温度が「体感温度」**なのである。

一般的に、人は気温よりも、体感温度によってものごとを判断することが多いと言われ、**寒い季節でも急に暖かくなった日には、より強く暖かさを感じ、冷たいものが欲しいと思い、暑い季節でも急に寒くなった日には、より強く寒さを感じ、温かいものが欲しいと思う**ようだ。つまり、**同じ気温であっても、前の日までが暑かったか寒かったかによって、寒暖の感じ方が違う**のではないかと思われる。

また、**体感温度は天候に影響されやすいようで、風速１ｍ増すごとに体感温度が１℃下がると言われ、寒い日に風が吹いたり、雨が降ったりすると、実際の気温より寒く感じるし、暑い日に湿度が高いと余計に暑苦しく感じる**ものだ。そのため、実際の気温以上に、**体感は食べ物を選ぶ時に、大きく影響する**と考えられる。近年の気象予報には、算出方法が気にはなるが、体感温度を記したものもでてきているので、参考になるかもしれない。

梅雨の合間、晴れて急に蒸し暑くなったある日のランチ、小さな中華料理店に飛び込んだところ、ほとんどのお客が申し合わせたように「冷し中華」を食べていておもしろかったことがあったが、**気温の急な変化はおいしいと思うものを変える**ことの好例と言えそうだ。

季節概念より体感

1980（S.55）年代前半頃のことだが、当時、洋菓子店の季節対応は、まだきめ細かくはなかった。毎年、判で押したように、衣替えに合わせて、生菓子の夏物は６月１日、秋物は10月１日の発売が一般的だった。急に暑くなるGW（ゴールデンウイーク）には夏物が無く、肌寒く感じる梅雨時に夏物主体の商品構成になっていたのが実状だった。実感する気温の変化と、商品構成が合っていなかったのだが、長い間変わらずに、慣習が続けられていた。季節の既成概念としきたりに従っていたのだろう。

そこでしきたりは止め、**GW期の体感に合わせて、コーヒーゼリーなどゼリー類や夏向き商品の一部を「アーリーサマーフェア」として先行発売し、梅雨明け近くなるまで春物は一部残して、梅雨明け直前に夏物を追加発売し、春物と入れ替える**…というふうに変えてみた

◆体感温度
実際の気温ではなく、風や雨、前日との温度差など、さまざまな条件によって、人が感じる感覚的温度。

【季節と体感】

季節	特異日	日付	天気の特徴	暦	体感
春	春のはじめ	2月15日頃	南風が吹き、気温が上昇する	立春 2.4	三寒四温
			これより高・低気圧が		
			周期的に通るようになる	春分 3.20	3月中旬頃春を感じる
	春の荒れ	4月4日頃	低気圧が通過、風雨となり、		花冷え
			後、寒冷前線が通過、気温が下がる		
	寒の戻り	4月24日頃	気温が下がり、晩霜をみることがある		寒の戻り
			後、高気圧帯ができ、天気が安定する		
					初夏（GW）
				立夏 5.5	急に暑さを感じる
梅雨	梅雨入り	6月10日頃	梅雨型の気圧配置が現れやすくなり、	衣替え6.1	肌寒く感じる
			雨天が続くようになる	夏至 6.21	
	梅雨の大雨	6月29日頃	前線による大雨をみることが多い		湿度高い
					不快指数高い
	梅雨明け	7月15日頃	気温が急昇し、天気がよくなり、	大暑 7.22	戻り梅雨
夏			夏型の気圧配置が続くようになる		
	大暑	8月8日頃	気温が高く、天気がよい	立秋 8.7	
					うら盆後朝夕は涼
	夏の終り	9月10日頃	大陸の気団の影響が及ぶようになり、		9月初旬残暑
秋霖			気温が急に下がり雨が多くなる		秋雨
			台風がくることもある		秋冷
	台風来る	9月16日頃	この頃から9月25日頃まで、		
			強い台風が来る傾向がある		
	秋霖終る	10月10日頃	これからは移動性高気圧が通りやすく	衣替え10.1	秋晴れ・秋日和
秋			なり、天気がよくなる		日差し強く暑く感じる
	秋晴れ	11月3日頃	移動性高気圧におおわれ、		
			天気のよいことが多い	立冬 11.7	小春日和
	しぐれ	11月24日頃	冬の季節風が強くなって、		春のように暖かい日
冬			初霜や初雪をみることが多い		空気が乾燥
			これからは西高東低の気圧配置と		
			なりやすい	大雪 12.7	冬将軍
	年末の悪天	12月28日頃	低気圧が日本付近を通り、	冬至 12.22	
			太平洋側の地方にも降水がある		
			気温は比較的高い		
	大寒	1月27日頃	寒冷前線が通り、太平洋側の地方	大寒 1.20	底冷え
			でも雪が降る		最も寒い季節
			気温が低い		
	冬の終り			節分 2.3	
		2月15日頃	冬型の気圧配置がくずれやすくなる	立春 2.4	三寒四温

のだ。この顧客ウォンツの推測（顧客インサイト）は、成功だった。それ以後、夏の終わりと秋口にも同様に、**「走り」と「戻り」をとらえた展開**を実施することで、顧客のウォンツに応えることができ、それまで低迷していた季節の変わり目の売り上げが伸びたのだった。

「季節と体感」を左ページに表にまとめておいた。これを参考に、気象予報等を照らし合わせながら、「体感」を意識して販売を工夫していただきたい。意外なところに、意外に大きなチャンスが眠っているかもしれないのだ。

もうひとつのP.52のイメージ図は、アイスクリーム等の気温による売れ行きの変化を概念図にしてみたものだ。こういう変化も、参考になるはずである。

人工的環境からの体感

2010(H.22)年の猛暑の時、信じられないような意外なことが話題になった。猛暑で冷たいものでなければ売れないと思うくらい、冷たいものか冷涼感をもったものが圧倒的に売れていたのだが、８月下旬、まだ暑い日が続いていたにも関わらず、コンビニではおでんや中華まんがよく売れ、スーパーでは鍋物のレトルトが人気商品になったのである。これには、意外だと思った人も多かったのではないだろうか。

その時のマスコミの報道によると、①日中は相変わらずの猛暑だったのだが、お盆を過ぎると、朝夕が涼しくなって温かいものを食べたくなったからだろうという説と、②毎日クーラー漬けになっていたので、冷たいものは飽きたし温かいものが欲しくなったのではないかという説とがあった。両方とも当たっているのかもしれない。あの厳しい猛暑の中で、そこを読み切って温かいものの販売時期を早めた決断は、参考にしたいところだ。

この例で示されたように、**冷房や暖房など、人工的な環境とも関係しているの**がわかってくる。節電なども体感に影響してくるだろうし、人工的な生活環境についても、読み込んでおくことが大切になってくるのだ。

天候不順・気象異変に対応する

温暖化というより、高温化と言った方がいいほどの酷暑を経験して、気象変化を実感した人は多かったようだ。ところが、その温暖化だけでなく異常な天候不順や、今まであまりなかった豪雨、竜巻など気象異変が、話題になっている。これらが一時的なものであるのか、平均気温の上がった状態での新たな四季の国になって行く前兆なのか、わからないのだが、**不順な天候が続く以上、これに対応できるフレキシビリティーが必要**になってくるはずである。

近年の傾向は変化が激しく、偏西風の蛇行など世界的な異常気象の話題が増えているが、最近は春と秋が短くなった感じがし、冬も夏も不順で、夏が暑くて長い…といった感じがする。しばらくは、この変わりやすい気象が続くことを覚悟して、対策を立てる必要がありそうだ。前述した、季節の変わり目での対応と同様、**「走り」と「戻り」に応じられる商品構成で、フレキシブルに対応することと夏場対策が不可欠**になってくるのではないだろうか。

【気温と冷菓等の売れ行き（概念図）】

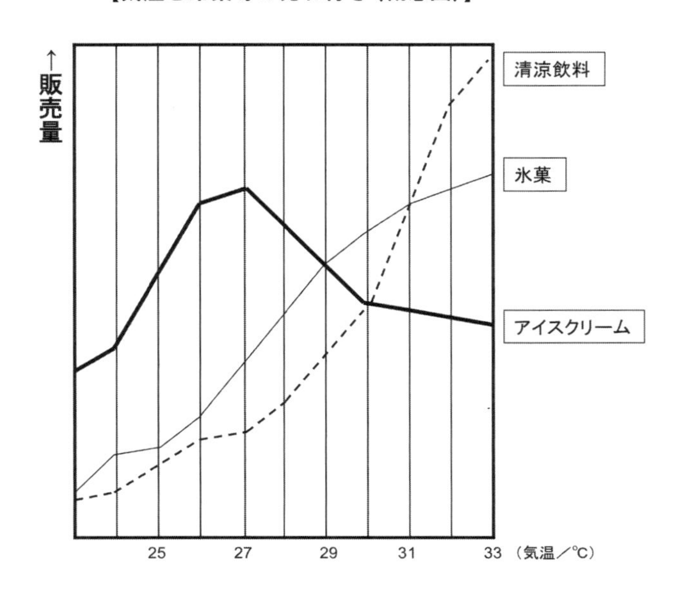

四季は変わるか

現状では何とも言えないのだろうが、少し前の温暖化の説にならえば、**気候が大きく変化した場合、産物は南方系が増え、今までにない体感を経験、衣食住も南方化し、スイーツ類を含む食全体への生活者（消費者）の嗜好が大きく変わって行く可能性があるかもしれない**。中には亜熱帯化を心配する人まで出てきているようだ。

それほど今すぐ極端に気象変化しないかもしれないが、どんなふうに変わって行くのだろうか。平均気温が上がってきて、マンゴーなどの産地北上がみられ、東南アジア系の食材や料理が少しずつ浸透しているように感じられ、**南方系のものへの馴染みがじわりと浸透し始めている**ようにも感じられる。先行して、南方系のスイーツを研究するのも、参考になるかもしれない。

程度の差こそあれ、これからも**変わって行くことは容易に想像できるので、今後の変化に注目して行かなければならない**だろう。**変化の中には、必ず新しい可能性が見え、チャンスが見つかる**はずである。まさに「**変化はチャンス**」なのである。

発想ポイント

体感温度で、食べたいものが変わる。
体感温度は購買のスイッチ。

2 消費者を味方にする

本音を探り、さじ加減を工夫する

消費者（生活者）の望むもの

モノが有り余って売れない時代になって学習したことは、「**消費者（生活者）が望むモノを提供すれば売れる**」という至極当たり前のことであった。しかし、これは口で言うほど簡単ではない。消費者が多様化すればするほど、「望むもの」は見えにくくなる。ここから、直接消費者の声を聞き、消費者参加型の商品開発でとらえよう…という考え方が出てくるのだ。消費者の望むものを推測するのと違って、直接的に欲求を聞きだせるため、想像できなかったような新しい風を吹き込めるかもしれない可能性を秘めている。ただし、消費者が常に本音を言うとは限らない。ここで対象とする消費者の**本音がどこにあるのかをとらえることができれば、開発すべき商品のキーポイントが見えてくる。**

消費者参加型商品開発のメリットは、開発だけに留まらない。マスコミ等に情報を提供し、報道されれば**ＰＲ効果**が上がり、消費者の注目度のアップによる**販売促進効果も狙える**など、副次効果も大きいものがあるだろう。

さじ加減のヒント

若い女性のスイーツ類の評価を聞いてみると、「あまり甘くなくておいしい」というほめ方をする人が、比較的多いようだ。こういった若い女性の反応や砂糖使用量の減少から考えて、ある洋菓子店が思い切って砂糖を減らしたところ、売り上げが下がってしまった例があった。こういう時こそ**販売する前に試食してもらって、お客様の反応を見ること**ができれば、失敗しなかったはずである。低甘味志向を意識しすぎ、砂糖を極端に減らしたために、生クリームもスポンジもバサバサ、ボソボソになって食感が悪くなり、味気なくなって、売れなくなってしまったのだ。確かに、昔よりは甘さ控えめの方が喜ばれる傾向になってきているのは事実だが、ことはそう単純ではない。思い込みによる勇み足も、顧客の声を丹念にひろうことで防止できたはずである。

甘さの程度の問題なのだが、このさじ加減についても、対象とする客層によって、望むレベルが変わってくる。対象に想定した客層の意見を参考にすべきところだろう。

例えば、若い人が「あまり甘くなくておいしい」と言うお菓子を、中高年の方に食べてもらうと、「甘くないから物足りない」と感じる人が、案外たくさんいるようだ。**年齢による好みの差**である。主要対象客層に合った嗜好傾向にすることが必要になってくる。

また、関東と関西の好みの差は、よく知られているが、隣り合わせの県で、甘味の好みが違っているというような、**嗜好の地域差**もある。販売対象地域による対応を、考慮する必要があるケースも出てくるだろう。

生活者（消費者）が欲しいと思っているものがわかれば、開発商品がヒットする確率は高くなる。開発者の主観や嗜好で決めてしまうのでなく、**対象となるお客様の好みはどんな特徴があり、どんなものを欲しいと思っているか把握し、商品として実現することが大切**なのだ。わかっているはずのことであるのに、開発の渦中にいると、つい忘れてしまうことが多いものらしい。こういったことを防ぐ意味でも、常時お客様の意見を聞けるようなモニター制度を設けるのも、一方法だろう。お客様の本音が聞きとれるようになると、商品開発のブレは修正できそうだ。

インターネットを利用する…SNS

近年、**フェイスブックやツイッターなどのSNS(ソーシャルネットワーキングサービス)を利用した商品開発が、注目されている。SNSとは、「人と人とのつながりをサポート・促進する場を提供する会員制のサービス」のことを指すのだが、ラインやブログなど同様な機能を持つものを含めてソーシャルメディアと言う場合もある。**ビジネス上、当初は販売促進に利用されることが多かったのだが、近年は商品開発にも使われるようになってきた。**短期間で、広範囲に、大勢の「買い手の気持ち」を確かめられることがメリット**なのだろう。現状製菓業界では、コンビニなどの量販系や流通菓子業など、大手の利用が多いようだ。個人の菓子店で有効活用できているところは、まだ少ないかもしれない。SNSの影響は、良い面でも悪い面でも大きくふくらむ可能性があるので、取り組みには慎重さが必要だろう。

一般的には、会員を募って、会員の意見を聞くということになるのだろうが、様々な工夫が積み重ねられてきている。例えば雑誌とコラボし、ネット以外の検討会、試食会などを設け、その経緯を雑誌でも取り上げ、更にSNSで情報発信するとともに反響をチェックし、発売キャンペーンを展開するような大掛かりなものもあった。こういったことを請け負う会社も出てきているようだ。

大手企業はノウハウを蓄積しつつあるようだが、個人店でも、フェイスブックやツイッターなどSNSを使った商品開発や改良ができるのではないだろうか。ツイッターを例に、考えてみよう。

まずは、インターネットで、ツイッターなどの使い方を知り、登録することが必要だ。登録は、アルファベットよりカタカナなど、誰でもわかりやすい表現の「店名」

◆SNS
ソーシャルネットワーキングサービス
Social Networking Service
人と人とのつながりをサポート・促進する場を提供する会員制のサービス。ソーシャルメディアSocial Mediaとも。ツイッター、フェイスブック、インスタグラム、ラインなど。

◆リツイート
他の発信者のツイート(つぶやき)に共感、賛同した人が、そのツイートのまま再発信すること。

をお奨めしたい。これが、「アカウント」になる。
検索機能があるので、例えば「ロールケーキ」を検索すると、十人十色、参考になるもの・ならないものなど千差万別のロールケーキに関してつぶやいている声がひろえるだろう。ここから今の世の中のロールケーキの、様々な見方、感じ方が見えてくるはずだ。
ツイッターのツイートは、「つぶやき」と解釈されているので、独り言のような、不特定多数の人にむけてのメールのような言葉を発信する。その時に、**自店・自社のスイーツについてのこだわりや思いを、宣伝臭さがあまり強くならないよう注意して、短めに書こう**。お菓子の写真付きにすると反応が大きいと言われている。あなたのツイートに興味を感じてくれた人がいれば、フォローしてくれるだろう。更に、**あなたの発言を、関心を持って読んでもらうために、近くに住んでいる人、スイーツ好きな人などをフォローしてみよう。同好の士・仲間を集める感覚、共感が大切である**。フォロアーが増えてきたら、例えば「アボカドを使った新しいデザートを作ろうと思って、頑張っています。アボカドと**何を合わせたらいいか、アイデアがあったら教えてください。」など、少しずつ意見を聞くようなツイートにしてみよう**。いろいろな意見が出てきたら、それらを参考にし、商品開発・改善に生かすことが大切だ。その時、**ひとつひとつの意見を軽視せず、誠意をもって試作し結果をお伝えしていただきたい**。そうすることで、フォロアーは自分のことのように熱心に、感想や意見を言ってくれるようだ。そして、**消費者に参加していただくことで、共感の輪作りが出来る**だろう。
なお、「リツイート」や後から付け加えられた機能である共感の「いいね」クリック数も、消費者の気持ちを推測する手掛かりになるだろう。フェイスブックの「いいね」も同様である。

社外プロジェクト

マスコミなどによく紹介されるが、**大学生、短大生、高校生などに商品開発を依頼する**例がある。アイデアを出してもらって、試作はプロがする場合や、試作まで学生・生徒がする場合もあるだろう。期間は限定して公募する場合が多いようだが、一回だけでなく、商品化になるまで複数回実施するケースも多いようだ。近頃は、地域おこしとリンクし、地元産品を使って、地元の学生・生徒が開発する例も増えている。**販売者側が消費者の欲求をストレートにとらえられるメリットがある**のと、**消費者との距離感をとらえられるいい機会**として活かすこともできるだろう。

『新潟のおせんべい屋さんが東京の女子中学生にヒット商品づくりを頼んだらとんでもないことが起こった!?』（かんき出版）という、長い名前の本が出て、話題になったことがあった。教育的見地からの学校と企業のコラボなので、開発だけをテーマにした本ではないが、参加者の日誌、感想文などで構成されているので、開発経過や体験者の気持ちの変化がよくわかり、興味深く読めるはずである。

量産型の企業や多店舗展開している会社では、こういったプロジェクトを実施するケースがあるが、個人店の例は、あまり聞いたことがない。個人店の場合は、人数を絞って、懇談会風に実施するのもよさそうだ。また、信頼のできる方で、遠慮せずに本音を言ってくれる人がいれば、そういう方何人かにお願いするのもいい方法だろう。

学生達は、商売、製造現場などを知らない。そのために、現実離れした案が出てくるかもしれないが、固定概念がないため、新しい可能性を引き出してくれる場合も考えられる。**いきなり否定しないで、「どうしたら可能になるのか」前向きの姿勢で取り組むと、ユニークな商品が開発できるかも**しれない。こういう開発商品は、同世代から共感を得やすいようで、地域の話題商品になるような例も出てきている。また、学生・生徒だけでなく、OL、主婦、シニアの人たちも同様に、クリスマスやバレンタインなどの催事商品や、量販系のカップデザート開発などに参加する例はたくさんあるようだ。

発想ポイント

お客様の意見を聞き、参加していただいて、共感の輪を広げる。

3 調査・統計から読み取る

定量と定性の両面でとらえる

消費者の気持ちを読む

最も大切なことなので何度も繰り返したいが、**売れる商品を開発するためには、消費者（生活者）の「ニーズ（必要性）」や「ウォンツ（欲求）」をとらえることが大切**である。そのとらえ方には、いくつかの方法があるが、各種の**調査・統計からも、消費者のニーズやウォンツを読み取ることができる**だろう。

直接的な調査の方法としては、開発中のスイーツの試作品や、他店・他社のヒット商品などを食べていただいてから、アンケート調査をするような方法がある。こういった調査には、具体的な商品サンプルが必要になってくるし、スイーツが提供できるタイミングに調査協力者を集めなければならないので、思い立ってすぐに実施できるほど、容易ではない。

他には、こんなものが欲しいとか、こんなものがあったらいいのにという内容のアンケート調査などもあるだろう。調査の必要性や有効性はわかっていても、忙しさに紛れていたり、最適な調査対象者を集められなかったり、費用の問題もあるため投資対効果を考えると、この種の調査も、簡単には実施できないというのが実情のようだ。

オープンデータの活用

官庁や調査会社等が、一般に公開しているデータが増えている。こういった**公開されているデータをオープンデータと呼ぶ**が、これらの中には、読み取り方で、商品開発のヒントになるものが多々あるだろう。

開発したいと考えている商品の、直接的な調査ではないので、ストレートに役立つものは少ないかもしれないが、**開発商品の大枠や方向性などのヒントになるだろうし、いくつかのデータを合わせてみることで、商品イメージ**

が湧いてくるのではないだろうか。

これらのデータ、情報には、２種類のものがある。ひとつは、**数値化された「定量（的）データ」**であり、もうひとつは数値化されていない、**言葉や文章で表す「定性（的）データ」**である。商品開発を進めて行く上で、相互に補足し合えるような大切な要素を担っているので、どちらも意識して収集されたい。

2007（H.19）年頃、20代男性の甘党が増え、男性全体の甘党の２倍強になり、20代女性の甘党の比率とほぼ同じくらいになったことが、話題になった。この**定量データによって、新しい動きが明確化され**驚かされたが、菓子専門店の店頭には、それほど男性客が増えてはいなかったのだった。どの売り場で、どんなスイーツ類を買っているのか、定量データにはなかったので、当時のマスコミ報道から拾ってみると…

①売り場　コンビニが主

②好まれる商品の傾向

・大型、大容量商品

・甘味だけでなく、苦味、塩味などがあるもの

定性データを突き合わせてみると、数値で表現できない性質やディテールがわかり、どんなものをどこで買っているかなど、より実態に近づくことができるだろう。

データから顧客像を読む

土産品の開発を例に、考えてみよう。

近年、観光地によっては、客層が大きく変化している。ご承知のように、アジア各国等からの外国人観光客（インバウンド）の増加である。従来のように、国内向けの土産だけを意識していたのでは、販売機会を逃す危険性があるし、売り上げは伸びて行かないのかもしれない。

◆オープンデータ
官庁や調査会社等が、一般に公開しているデータ。

◆定量（的）
対象の状態を数値で把握するもの。

◆定性（的）
対象の状態、性質を言語や視覚で把握するもの。

顧客がわからなければ、顧客の求めるものはわからないので、まず**顧客像をとらえる必要**がある。狙っている観光地の顧客は、どんな顧客なのか、**観光客の内の日本人の比率と、どこの国の人がどのくらいの比率で、それぞれ何人来ているのか、経済力のレベルはどの位か、知りたいところ**だ。これらのデータは、各県・市町村等地方自治体のホームページなどネットで調べ、わからない時は、各自治体の観光課等で調べることができるはずである。

国別がわかったら、その国の人達が、どんなお菓子を好み、いくらくらいのものを欲しがっているのか、といったことも、ネットなどを使って調べてみよう。

国内客だけの場合は、どの地域からの客が多いか、団体客か小グループ客か個人ファミリー客か、年齢性別等の把握が必要になってくるだろう。

不満・問題点・欲求が源泉

2014 (H.26) 年当初の頃の、あるテレビ局の番組で、みかんの消費量が落ちているという指摘があった。その番組では、みかんを食べなくなった原因のひとつは、日本人のこたつ離れだろうという説を紹介していたのだ。**生活習慣の変化に着眼**したおもしろい見方だが、ここから何らかのスイーツ開発につなげようと考えても、アイデアを導き出すのはやや難しさがありそうだ。もっと別なデータ、情報が欲しくなってくる。

朝日新聞のGLOBE、2014（H.26）年２月２日号は、フルーツを特集していた。これに出ていた1990（H.2）年以降の家計調査によると、みかんとりんごは落ち続け、バナナは上昇傾向であった。同紙によると、日本人が果物を食べない理由の上位にくるのは、「**価格**の高さ」（価格比較表付）で、欧米のように食事の一環として食べるのに比べ、嗜好品として食べていること**（食べ方）も影響**していると指摘している。

さて、ここで商品開発を振り返ってみよう。洋菓子業界で、フレッシュフルーツをたっぷりのせたタルトは、相変わらず人気があるようだ。フルーツものの支持は高いと言えるだろう。みかんのみをのせたタルトの場合は好みが分かれるかもしれないが、様々なフルーツの一部としてみかんを混ぜ込んだタルトであれば、問題なく売れるかもしれない。

みかんのスイーツで話題商品を探してみると、みかんの産地でもっとみかんを食べて欲しいという意図からだろうか、２～３年前のみかんを丸ごと包み込んだ**サプライズ商品**「みかん大福」があった。みかんは**一房ずつ食べるより、がぶりと食べる方がおいしいというところを、抵抗なく実現させた**こともヒット要因のひとつに思われる。**こんな食べ方をしてみたいという本音の実現**であり、**たっぷりのおいしさ**が魅力なのだろう。

以前の話になるが、果物を食べなくなったのは、「生ゴミの後片付けがめんどう」というのと、「（核家族、単身世帯が増え）大型のフルーツは一度に食べきれない」という調査結果に着眼、手間いらず生ゴミなしで適量のカットフ

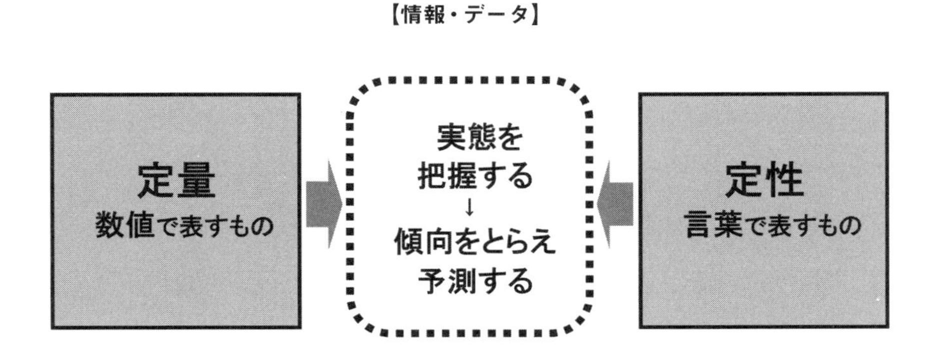

ルーツがヒットしたことがあった。フルーツたっぷりのタルト人気も、同様なウォンツから発しているのかもしれない。デザート分野からのヒットだが、**調査から、消費者の不満や問題点を読み取り、解決策を商品化した**好例であろう。**データそのものは客観的だが、読み取り方には様々な可能性が眠っている**と言えるのではないだろうか。

注意すべきは、**データは調査時点までの結果**を表しているのであって、将来も同じだと言っているのではないことだ。これからの**消費者の欲求を予測するには、調査から傾向（トレンド）を読み、環境変化の影響を推測しながら、消費者インサイト（洞察）することが重要になってくる**だろう。

※「ビッグデータ」（P.96）参照

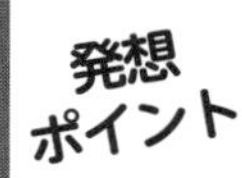

調査から傾向（トレンド）を読み取る。
足りないものは何かを探す。
不満・問題点・欲求が、商品開発の源泉。

4 商品も店頭も「顔・性格」を気にする

消費者は気持ちで使い分け

ロールケーキ人気の内容の違い

下のロールケーキのヒット・話題年表を見ると、日本人に好まれているのだろう、今までに何度も、ロールケーキブームがあったことがわかる。全国的に、大ブームとなったものも少なくない。

この流れに、ある変化が起きたことを、意識しているだろうか。

1963年以降、ロールケーキのヒットやブームは、菓子専門店から起こっているのだが、2009年にヒットしたロールケーキは、２つともコンビニエンスストアから生まれたものだ。2000年頃から始まった今回のブームも、最初は

ロールケーキ　ヒット・話題年表

※ロールケーキ伝来・・・愛媛のタルト
1647(正保4)　松山藩主松平定行が、ポルトガル人からロール状ケーキ「タルト」を供され、それをもとに作らせた、こしあんをカステラで巻いたものが、ロールケーキの初出か。

昭和30年代	スイスロール
1963(S38)年頃	モカロール
1979(S54)年頃	イタリアンロール
1990(H2)	のの字ロール
1991(H3)	トライフルロール
1995(H7)	純生ロール
2002(H14)	ロールケーキ専門店出現
2004(H16)	米粉ロール人気
2004(H16)	小倉ロールケーキ研究会発足 この頃からご当地ロール人気
2005(H17)	6月6日　ロールケーキの日認定
2006(H18)	堂島ロール／一重ロールブーム
2009(H21)	ロールちゃん
〃	プレミアムロールケーキ（個食）

◆棲み分け理論
生物学の理論で、近縁の２種以上の生物が、同じ地域に分布することを避け、互いに棲む場所を分け合って共存すること。

洋菓子店・和洋菓子店から始まり、その後も続いたのだが、並行するようにそれとは違うタイプのロールケーキが、コンビニ中心にヒットした。生菓子類の業態（営業・店のスタイル）で言うと、コンビニは「洋菓子専門店」ではなく、日常買いの店「デイリー店（おやつ店）」になるだろう。顔・性格が異なる…**店・売り場の“立ち位置”の違い…ポジショニング**だ。棲み分けにつながる。

製パンメーカーの商品「ロールちゃん」は、コンビニだけでなく、スーパーでも売られているが、片手で持って食べられる一重の細巻きハンディタイプ（個別包装）で、おやつ感覚のロールケーキだ。若い女性が、デザートを兼ねた昼食として食べたり、夕方に小腹を満たすものとして食べたりしているようである。

もうひとつは、洋菓子店の「一重ロールケーキ」ブームを受けて発売されたものだが、個食用に一人分のボリュームにカットされ、包装されているタイプで、2009年コンビニで発売されるや、大ヒットとなったものだ。

コンビニと専門店の使い分け

コンビニでヒットした２つのロールケーキと、それまでのものとは、大きな違いがあった。**専門店、スペシャリティ（超専門店）での購入目的は、ほとんどが「手土産」「ライトギフト（カジュアルギフト）」で、誰かにあげるものだったが、コンビニのヒット商品は、自分が食べるもの、個食用であることが違っていた**のである。

洋菓子店の客層の幅は広い場合が多いが、長い間コンビニの主要客層は単身者だった。同じロールケーキブームであっても、**客層や欲求が違うと求められる商品が違ってくる**ことの、わかりやすい例と言えるだろう。（東日本大震災後は、コンビニの客層が幅広くなり

◆ライトギフト（カジュアルギフト）
気軽に差し上げる贈り物。手土産。千円前後位。

◆名菓
多くの人に知られた有名なお菓子。地域を代表するお菓子。

◆銘菓
固有の名前をつけた優れたお菓子。「銘」は「上質であることを示すため特につける名前」の意。

◆業態
営業の様態、状態（ありさま、やり方）。店のスタイル。

◆買い場
物事を消費者（生活者）の立場でとらえようとする考え方では「売り場」は「買い場」になる。

始めている）

お客様は、使い分けの名手だ。ギフトの場合は、知名度の高い名菓や銘菓を選ぶか、名声店を選んで、こだわりがあっておいしく、パッケージなども高級感のあるおしゃれなものを選びたい…と言った風に考える人が多いのではないだろうか。

ひとりで食べたい時は、「癒し」なのか「小腹を満たす」のかなど、目的に合ったもので、値ごろ感があって買いやすく、「適量」というボリューム概念も大切になってくることだろう。

顧客の気持を想像する

ロールケーキの例のように、**業態（店のスタイル）が違うと、求められる商品が違ってくる。**業態によって、主要客層や購買目的が違っていることが、大きな要因だが、それだけでなく、店や売り場（顧客目線で「買い場」とも言われる）に来るお客様の目的や心理によっても、求められる商品は変わってくる可能性があるはずだ。

お客様が、お菓子を買おうと思った時、どんなものを探すのだろうか。商品を開発する場合、お客様が何を求めているのか想像し、お客様の気持を見抜く努力は、不可欠のアプローチだ。消費者インサイトである。

【菓子店のポジショニング】

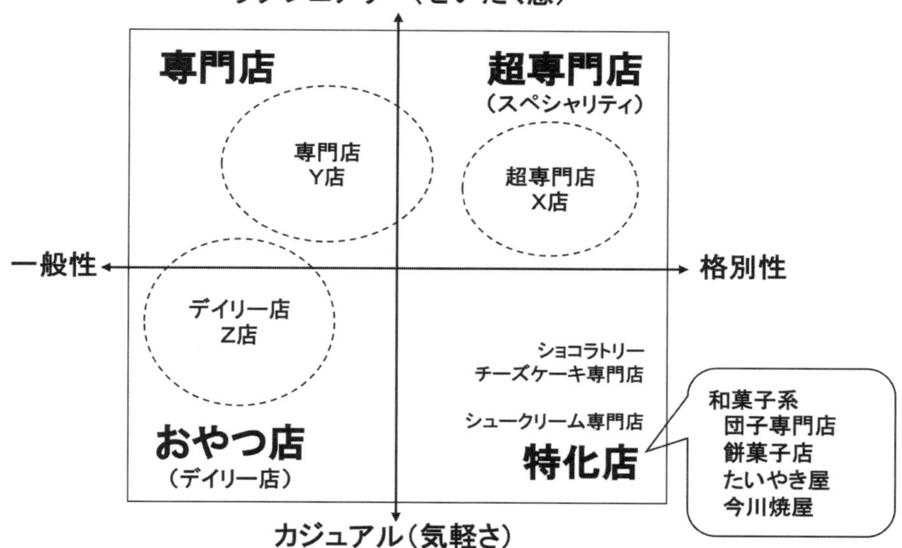

※点線の円は、仮説店のポジショニング例。

例えば、お世話になっている方で、社会的な地位も高いグルメな方への贈り物をしようと考えている人がいたとしよう。贈り先の好みがわかっている場合は、**相手の好みの店の好みの商品**をお贈りしたいと思うだろう。好物がわからない場合は、よく知られた名声店（スペシャリティ）の、一般的に**グルメが欲しがる**ような名物菓子を贈りたいと思うかもしれない。

親しい人への贈り物の場合は、自分が日頃贔屓にしている菓子店の、いつ食べてもおいしいと思っている隠れた逸品や、センスがいいと評判の、最近話題になっている店の人気商品など、**贈り主の感性が伝わるもの**が好まれるかもしれない。

仲のいい女性同士のお友達が集まって、ティーパーティでもしよう…というような時はどうだろうか。切り分けて食べるための包丁やフォークの用意などといった手間はかけずに、**気兼ねなく、おしゃべりしながら気軽に食べられるよう、食べやすさを重視**し、個包装されたお菓子が望まれるかもしれない。グループの種類によっては、**話題性やセンスが大切**な場合もあるだろう。

家族の誰かが帰ってきて、「皆でお茶でも飲もうか…」というような時は、どうだろう。切り分けるケーキのようなものが、楽しいひと時を演出し、わいわい言いながら、シェアすることが**家族の幸せを実感できるセレモニーになる**と考えるかもしれない。

ひとりで、日常のちょっとしたゆとりを味わう時には、個包装されたものを帰りに買って、家で**くつろぎながら食べたい**と思う人は多いだろう。頑張った自分へのご褒美には、わざわざ遠回りしてでも、ネットなどで**最近話題のお菓子を買って帰る楽しみを味わいたい**のかもしれない。

こんなふうに様々な**シーンとお客様の気持を、想像する習慣付け**をするといいだろう。お客様の望みが、わかるようになってくるはずである。

店・売り場のスタイルと顧客心理

前述のように、ニーズ（必要性）やウォンツ（欲求）は、多岐にわたっている。そして、そのニーズやウォンツに応えてくれる商品を販売していると思われる店に、顧客は出かけて行くことになる。

商品開発は、このことも考慮しなければならない。つまり、**自店・自社は、**

どんな傾向の生活者（消費者）が寄ってくれる店・売り場なのか、ポジショニングを判断し、それに合わせた商品開発をしないと、顧客の期待を裏切ることとなり、客離れが起きてしまう怖さがある。

今までの顧客とは違う新しい客層を獲得する目的での商品開発や、新商品の投入は、獲得したい客層の好みに合わせたものを、開発すべきであることは、言うまでもない。

ニーズやウォンツの拡がりを予測する

ところで、ブームのスケールが大きく、長期間にわたる場合や、ロングセラー商品など消費者から支持されているものは、様々な他の市場にも広がって行くことがありうる。ロールケーキの場合、流通量販菓子では、通常のロールケーキの太さの約半分のサイズで、フィリングは日持ちのするジャムやバタークリームなどに変えられ、常温袋詰め販売された例がある。「常備できて、気軽につまめるロールケーキ風お茶菓子」といった性格付けだろう。

また、冷菓では、通常サイズくらいの一重巻きもので、アイスクリームかアイスミルクを巻いてあったようだ。これは、気温の上昇による酷暑を想定「暑い時にも食べられるロールケーキ」といった位置付けなのだろう。洋生菓子のブームが、隣接市場に波及し、別なウォンツにまで拡がって行ったのだ。影響力の大きさが伺え、こういった商品開発もあることを示唆している。

同様な例を拾ってみると、流通菓子やベーカリーのアイテムであったラスクが洋菓子市場でヒットした例や、流通菓子のヒットアイテムであるポテトチップスにチョココーティングした商品が、洋菓子市場でヒットし

◆特化店
特定の商品やジャンル、特定の原料などにこだわった品揃えの店。シュークリーム専門店、チーズケーキ専門店、団子屋、たい焼き屋など。

たケースなどがある。

支持されている商品によっては、異なる市場のニーズやウォンツに合わせて、商品の質や性格・顔つきを変化させることで、ヒットする場合もあることがわかってくる。

発想ポイント	消費者は、商品・売り場とも、 「顔つき・性格」を意識し、気持で使い分けする。

5 シニアの望みに寄り添う

「若々しくありたい」願望

シニア世代の影響が増大する

近頃改めて言う必要が無いほど、高齢化について各種の報道がなされ、ほぼ常識になっているように感じられる。2012（H.24）年9月時点の推計人口によると、65歳以上の人が3千万人を超え、全体の24%強になった。2025年には、65歳以上の人が、全体の30%を超えるだろうと言われ、その先もシニアの比率は高まって行くと見られている。シニア大国だ。

また、2012年、いつの時代でも消費をリードしてきた団塊世代の第一陣が65歳になり、シニアに仲間入りした。シニア人口は急速にふくらみ、経済に与える影響は今まで以上に大きくなって行きそうだ。当然のことではあるが、**シニアの人口構成比が高まるに連れて、シニアを開発テーマにする企業や店が増加**してきている。

シニア向けの商品

スーパーやコンビニなどの流通業では、商品だけでなく、システムや店作りなど、シニア対応をし始めたという企業が増えているようだが、菓子・スイーツ類の分野ではどう反応し始めているのだろうか。

東日本大震災の後、高齢者の消費行動に変化が起こった。それまでコンビニになじみがなかった高齢者たちが、コンビニの便利さに気付き、利用するようになったのだ。そこでコンビニは、惣菜などの見直しを図り、和菓子に注力し、和菓子を洋菓子の売り場に移動するなどの対策を実施したのだ。菓子・スイーツの分野で、高齢化対策としてシニア向け商品を開発したわけでもなさそうだが、コンビニでは**和菓子に注力したことによって、効果はあった**ように見受けられる。

生菓子業界ではどうだろうか。今のところ「シニア向け」をうたってヒットした商品の情報は、あまり聞こえてこない。

先日、ある会合で、何人かの菓子業界の人にお聞きしたところ、ほとんどの人が、シニア対応をする必要を感じていた。中には既に何品か発売したのだが、残念ながらうまくいかなかった店が多かったようだ。伺ってみると、「**シニアを既成概念で見過ぎていた**かもしれない」とのことであった。

「シニア＝老人」ではないということだろうか。「アクティブシニア」という呼び方の認知度が上がってきたとおり、かつてよりシニアは若々しい人が増えてきた。昭和30年代頃のシニアより、10歳位若いように見える。**「高齢者」という言い方や、「シニア向け」などの表示、老人扱いされることを嫌がる人が多い**のかもしれない。

ただ、見た目の若々しさに反して、入院するほどでないにしても、生活習慣病や社会的ストレスなど、病気を持っている人やその予備軍は多いように感じられる。病人ではないけれど、健康になにかしら問題を抱えた人達も多いはずだ。スイーツで「健康」に取り組む難しさはあるのだろうが、シニアにとって「健康」に対する欲求に対応することは、複雑ではあっても大切なテーマになると考えられよう。

そういった状況の中にいる**シニアは、何を感じ、何を欲しているのだろうか。ここをとらえることこそ、商品開発のキー**になりそうだ。

和テイストの取り込み

高齢化の進行による洋菓子・洋風スイーツ業界の危惧は、「高齢消費者は、和風回帰・和風志向が強くなり、洋風菓子離れが起きるのではないか」ということだった。年齢と嗜好変化の問題である。

別掲した「世代別　料理・食品の嗜好」（P.95）の表を見ていただきたい。

３０代はクロスオーバー期で、和洋共に幅広く楽しむ傾向、３０代以前は洋風志向、４０代以後は和風志向だった。ここから、いくつかの方向性を考えてみよう。

洋菓子系の対策として、当然ながらまずは**最もストレートな着想で、和素材を使用し、和風味を取り込む方法**がある。既に何年か前から、**「和スイーツ」と呼ばれ、定着してきた和洋折衷タイプ**だが、**更に味そのものをもっと「和テイスト」にシフトする方向も考えられる**だろう。

◆和スイーツ

諸説ある。和素材を取り入れた洋菓子、和風洋菓子、洋素材を取り入れた和菓子、洋風和菓子、和洋折衷の菓子など、多様に解釈される傾向がある。

【シニア食ポジショニング】

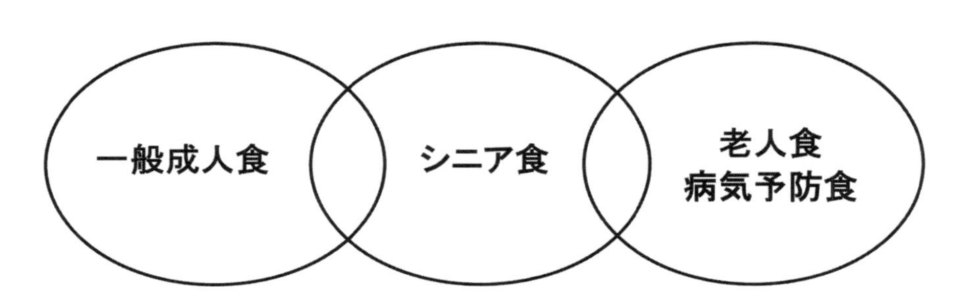

【シニアのスイーツの好み】

	低・少・薄 ← → 高・多・濃
カロリー	● (低め)
水分	● (高め)
量	● (低)
甘味	● (やや高め)
味濃度	● (やや高め)
硬さ	● (低め)

【シニアスイーツ イメージ】

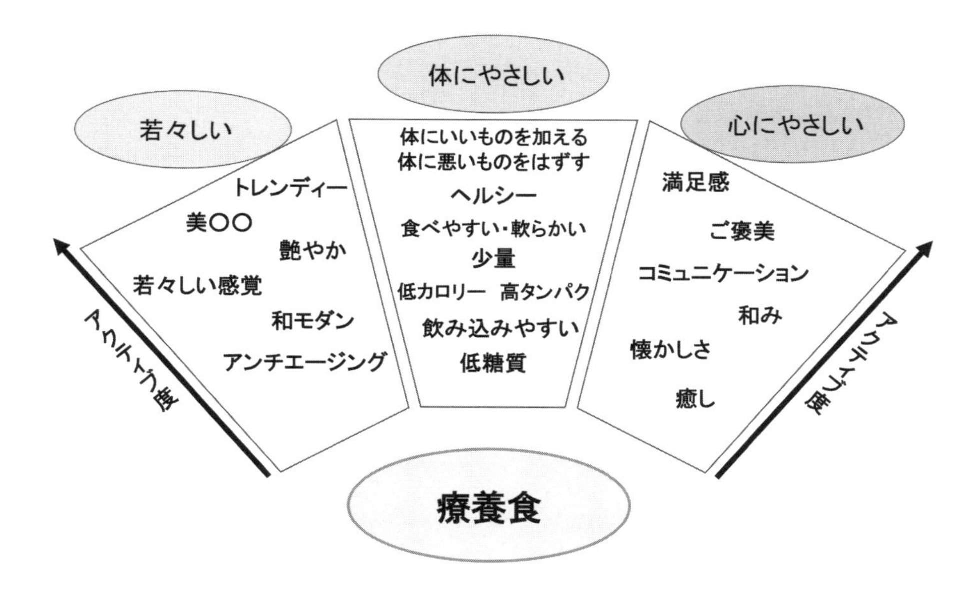

シニアの嗜好特徴をとらえる

シニアというと、一般的に「和風回帰」を連想することが多いようだが、それだけではないようにも思われる。なぜなら、**団塊世代に代表されるように、洋食体験が豊富な人達の割合が増えてきている**からだ。「世代別　料理・食品の嗜好」をもう少し読み込んでみよう。前項で一部指摘した通り、違った要素も見えるのではないだろうか。例えば、同じ肉料理であっても、焼き肉は若い層に好まれ、すき焼きは年配層に好まれていた。このことから、**年配層は汁気のあるもの、マイルド感ややさしい味のものを好む**傾向が読み取れそうである。成長期にはエネルギーを体が欲しがるし、年配になると、内臓などの機能も低下してくることと相まって、余分なエネルギーは不要になってくるからなのだろう。加えて唾液の量なども関係しているかもしれない。**エネルギー量や唾液の量といった身体の変化からとらえ、マイルドなあっさり感やジューシー感を追い掛けることによって、洋風のものにも可能性が見えてくる**ように思われる。例えば低脂肪傾向にしたり、スポンジなどのジューシーさを強めたりするなど、シニアの嗜好・体調に合わせたお菓子がイメージできるのではないだろうか。

また、**食べる量も回数も少なくなって行くことが予想されるので、やや小振りで、質のいいものが求められる**ようになるだろうことは、容易に想像できそうだ。

まだ大きな問題になっているわけではないのだが、高齢化すると和菓子へシフトする人が増加すると言う見方がある反面、洋食になじんだ人達の高齢化によって、洋風を好む年齢が高くなっているため、和菓子を好む人が増加する年齢は高くなって行くのではないかとも考えられているようだ。

菓子業界に関して言えば、シニア対応は、まだまだ歴史が短いように感じられる。シニアスイーツのイメージ図を左ページに載せたが、開発のヒントにし、様々な発想をふくらませていただきたい。

発想ポイント　シニアの体の変化や気持に、やさしく寄り添う。

6 物語は菓子の情趣・味を深める

好奇心を刺激する

物語は価値付け

味覚は五感の中でもかなり不安定な感覚で、その時の気分や体調、知識、感性など五感以外の要素にもかなり影響されるようだ。

例えば、同じスイーツであっても、固有の名前がなく、包材類に何のデザインもされていず、無造作に出された場合に比べ、雰囲気のあるネーミングがつけられ、おしゃれな包材に包まれて、その**お菓子の意味が語られ、物語という付加価値が付けられているお菓子の方が、味わいは一層深いものになり、印象は鮮やかなものになる**ことだろう。**物語は、お菓子の味わいを増し、情趣を深め、価値を高めることができる**のだ。**知的好奇心の刺激**につながるのである。

また、ここでいう**「物語」が、文字通りの物語だけでなく、物語っぽさや、物語を連想させるだけでも、効果がある**ことを付け加えておく。

「○○物語」の味付け

「○○物語」「○○日記（日誌）」というネーミングのお菓子が、全国的に流行した時があった。昔の書物は巻物も多かったため、和洋菓子業界では「物語」はミニクーヘンが多く選ばれていたことを記憶している。商品そのものを全面に出すことが主流だった時代に、「物語」とい

◆感性
感じ取る能力。
感受性。感覚。

◆付加価値
①生産過程で、付け加えられた価値。
②商品等で、他の同種のものにはない価値。

うソフトを前面に出し、魅力付けしたことが新鮮だったのかもしれない。

「日記」の場合は、パッケージ表現が主で、和綴じの本を模したものや、背文字の入った本のような作りのものもあったように思われる。どちらも表紙があり、めくる形になっているこだわりのパッケージだった。

原作がある場合は、原作の物語のイメージを活かした菓子やパッケージデザイン等の雰囲気作りが、目指されていたようだ。

「物語」も「日記」も、これまでは古い時代の本ばかりだったので商標以外の問題はなかったようだが、一般的に原作がある場合は、著作権がどうなっているか、著作者の意向はどうなのか、商品化へのハードルがあるので調べる必要がある。その物語の一部を使ったり、物語のイメージを使ったりした場合、著作権者の使用の許諾が必要になり、著作権料を支払わなければ使用できない場合があることも忘れないでいただきたい。しっかり調べて欲しい。

「物語」は、「江戸」「鎌倉」のように**時代を表す言葉に物語をつける場合**や、「長崎」「神戸」「横浜」のような**地名に物語をつけるもの**もたくさんあったように記憶している。地名ものでも、「○○岬」「○○山」「倉庫街」「レンガ街」など、更に特定場所に絞り込む場合もあった。

時代ものと言っても、そこの土地や特有な文化との結びつきを表現する場合が多い。江戸ものは東京ものの一部で、江戸文化の象徴である、歌舞伎の幕のデザインであったり、歌舞伎や相撲、落語などに使われる勘亭流の筆文字を使ったり、着物柄である江戸小紋等のデザインを用いるなど、視覚的に雰囲気を高めているものが多いようだ。

「地名＋物語」の場合は、その土地の産物や名物に由来する菓子作りが目指されたり、その地の名所等の風景

◆商標
商標法によって保護される権利。文字（名称等）、図形、立体、色、音、動きなどがある。本書「ネーミング」の項（P.189）参照。

◆著作権
著作者が、自分の著作物の複製、発刊、翻訳、興業、上映、放送などを支配し利益を受ける権利。著作権法によって保護される。現行法では、著作者の死後50年間存続する。ＴＰＰの結果によっては、著作者の死後70年に延長される可能性もある。

◆TPP
環太平洋パートナーシップ(Trans-Pacific Partnership)の略。TPP協定は、オーストラリア、ブルネイ、カナダ、チリ、日本、マレーシア、メキシコ、ニュージーランド、ペルー、シンガポール、アメリカ、ベトナムの12カ国による経済連携協定。関税撤廃・削減、投資、知的財産など幅広い分野で共通ルールが決められる。2015(H.27)年に大筋合意に至る。

が描かれたり、それらにまつわる民話、伝説が紹介されるなどの手法で、物語演出されることが多い。

歴史と物語

それぞれの**土地に因んだ歴史、人物の紹介、民話や伝えられているエピソードなどを菓子につなげる場合**もある。作家など、有名な文化人が好きだったお菓子として販売されるのも、この系統に入るだろう。

歴史は、それが事実であるだけに、作られたものと違ったインパクトを持つ。歴史特有のロマンを、菓子の雰囲気づくりに役立てることができる可能性があるのだ。これは、大きな魅力だろう。

歴史がらみの菓子は、既に様々なものが販売されているので、参考にしていただきたい。

史話（歴史上の物語）を菓子の開発に活かす場合、勝手な解釈によって都合よく変えてしまうのは厳に慎むべきだろう。消費者に誤解させるだけでなく、菓子や販売者の信頼性を損ね、業界全体への不信感にもつながりかねないからだ。**独自の解釈や、史実からの連想による脚色などは、その趣旨を明記すべき**だろう。ここをはっきりさせることで、**独自解釈や脚色は、その創造性によって消費者からおもしろがられ、評価されれば、歴史だけではない価値を獲得できる**だろう。

この方法は、国内の話題の方が取り組みやすくなりがちなため、和菓子系が多くなる傾向があるように感じられる。ただ、歴史上外国に行ったことで有名になった人物や、外国と何等かの関わりある都市や人物を題材にした場合は、洋菓子系でユニークなものが考えられそうだ。

物語の創作

国内ではあまり例はないが、当初オランダの街を再現したテーマパークとして誕生したハウステンボスの中にある店、タンテアニー（アニーおばさん）では、オランダの「アニーおばさんのチーズケーキ」として「カース・ケイク」が販売されていた。物語創りを意識しているように想像できる。

創作物語の例を考えると、「ステラおばさんのクッキー」が思い出される。「ステラおばさん（アント・ステラ）」というお菓子作りの好きな、人のいい想像上の人物が作ったソフトタイプのホームメイドクッキーという設定だった。つまり、完全なフィクションである。

フィクションなので、物語の自由度が高く、望み通りの設定にするのは難しくないのだが、往々にして、現実感が薄くなりやすい傾向があるので、意識しておく必要がありそうだ。

お菓子がある物語

物語の中に、お菓子が登場するもので、良く知られているのは、きびだんごが出てくるおとぎ話の「桃太郎」だろう。岡山では、何社かが「きびだんご」をお土産として販売しているが、「桃太郎」に登場するお菓子としての位置付けだ。

四国・愛媛には、夏目漱石の小説『坊ちゃん』の主人公である教師の坊ちゃんが、うまいと評判の団子屋で二皿食べたと書かれている団子に因んだ「坊ちゃんだんご」が知られている。団子のモデルがあったかどうかわからないが、小説中のものを想定した団子が、複数の菓子店で販売されている。

この２つのだんごは、完全に定着しているようだ。

また、『ヘンゼルとグレーテル』に登場するクリスマスの「ヘキセンハウス（魔女の家）」は、シーズンになると催事菓子として売り出されるが、洋菓子のジャンルで、お菓子が登場する物語からの商品化は、まだ少ないようだ。今後何等かひとつヒット商品が生まれれば、増えてくる可能性があるかもしれない。

1992（H.4）年には、アメリカ映画『ツインピークス』に出てきた「チェリーパイ」が、アメリカでブームになったことがあり、短期間ではあったが、日本でもヒットしたことがある。刑事の**主人公が大好きで、おいしそうに食べるシーンが多出**して、話題になったのだ。

大阪ＵＳＪ（ユニバーサルスタジオジャパン）に『ハリーポッター』の施設が2014（H.26）年にオープンしたが、物語の中に登場する**空想上の好奇心を刺激する飲食物を現実化**し、「百味ビーンズ」などのスイーツやドリンクの「バタービール」が販売されて、人気になっている。

2015（H.27）年、ＮＨＫ朝の連続ドラマ『まれ』は、パティシエールを目指す女性が主人公の物語だ。これに登場するケーキ類を、ドラマの応援菓子として期間限定で、洋菓子チェーン店が販売した。**ドラマの展開に合わせ、同時進行にした新手の商品開発**であり、プロモーションだが、新しい可能性として興味深い。その後映画スターウォーズの公開に因んだケーキ類も販売されている。

◆パティシエール
女性菓子職人。男性菓子職人はパティシエ。パティシエールはパティシエの女性形。

発想ポイント **物語は、お菓子の味わいを増し、情趣を深め、話題を提供し、価値を高める。**

7 キャラクターの魅力

親しみやすく、印象に残る

「ゆるキャラ」

近頃「くまモン」「ふなっしー」「ひこにゃん」と言えば、かなりの人が知っているようになってきた。**地方自治体などが、地域起こしのために作りだしたもので、「ゆるキャラ」とも言われて親しまれている「ご当地キャラクター」**である。**地域の活性化に多大な貢献をしているキャラクターも現れ**、「ゆるキャラグランプリ」の実施などによって、一層知名度が上がった。各地であふれるごとく生まれてきた、どこかほのぼのとしたゆるさのあるキャラクターに「ゆるキャラ」と名付けたのは、漫画家でエッセイストのみうらじゅん氏だそうだ。(「ゆるキャラ」という名称は、みうらじゅん氏と扶桑社によって商標登録されている)

その後「ゆるキャラ」は、一般的に「ゆるいキャラクター」という広い意味で使われる場合も増えてきているようだ。「ゆるキャラ」というネーミングが、商標としてとられていることを知っている人は、少ないのかもしれない。

これらのキャラクターをパッケージ等にあしらい、ご当地素材や地名などを使ったお菓子も増え、人気を博しているようだ。お菓子以外や、企業ものも含めれば、まさにキャラクターパワーが大きく花開いたといってもいいほどの広がりようである。外国で注目されているクールジャパンのひとつアニメ人気も関連して、大きなムーブメントになってきた。

シンボル、アイキャッチ

時代をさかのぼってみると、土産の世界には、ゆるキャラ的ではないにしても、キャラクターのようなものがたくさんあったことに気が付く。土産物や案内書、地図などに至るまで、様々なところに使われていたのを思い出す。

日光には眠り猫や三猿があるし、京都には舞妓さんや大原女、奈良には大仏と鹿、鎌倉には大仏と鳩、北海道には熊やキタキツネ…数え上げればきりがないほどある。それらのイラストは、その**土地をイメージさせる特徴的なもの…シンボルでありアイキャッチャー**なのだ。

昔のものは、原形のイメージをあまり崩さずに描かれたり作られたものが多く、キャラクターのように擬人化されたり、親しみやすくアレンジされたりはしていないが、キャラクターに近い役割を求められていたのではないだろうか。中でも眠り猫、三猿や舞妓さん、キタキツネなどは、既にキャラクター的な使われ方をしていたことに気が付く。

◆アイキャッチャー
注目させ、視線をとらえるもの。

キャラクターとは

キャラクターは英語で、「性格」を意味する言葉だが、象徴となる実在または架空の人物や、擬人化した動植物などのイラスト（絵）や人形などのことである。余談になるが、ゆるキャラは、着ぐるみ化が支持される大きな

◆キャラクター
人物や擬人化した動植物・建造物・器物等を、シンボル的に使うイラスト（絵）や人形などのこと。アイキャッチャーとして、親しみを感じさせ、好感度をあげ、概念を象徴させるなどのために用いる。

要素であるようだ。

元来は、消費者の目をとらえる･･･アイキャッチ効果や、印象を強めたり、商品の性格を象徴させたり、好感度を上げたりする目的で使われたものなのだが、こういった広告宣伝的意味だけでなく、近頃ではキャラクターが独り歩きし、解釈はもっと広がってきているようにも感じられる。

お菓子とキャラクター

菓子業界の例では、長寿命キャラクターとして知られる不二家のペコちゃん、文明堂の白くまのぬいぐるみ、森永チョコボールのキョロちゃん、明治カールのカールおじさん、グリコのランナーなど、流通菓子系になると他にも多種多様なキャラクターがある。これらの多くは、マスコット的な性格のもので、元来のアイキャッチ効果や、印象を強めたり、好感度を上げたりする目的で使われているものである。

広告宣伝やＰＲの手法というだけでなく、**物語性を持たせて商品開発の方向を決定付ける、重い意味を持たせるキャラクターもある。**

焼きたてクッキーの「アント・ステラ AUNT STELLA' S」の「ステラおばさん」を思い出していただきたい。「アント aunt」は英語で「おばさん」を意味していて、看板などにおばさんが描かれているのが知られている。「アメリカのペンシルバニアに住む、古き良き時代の、人のいいステラおばさんが、代々伝えられたホームメイドの手焼きクッキーに工夫を加えた素朴なクッキー」という設定なのだそうだ。

架空の人物だと思われるが、実在していたかのように感じられる設定で、ホームメイドや手づくりを強調している。この「おばさん」というキャラクターの設定を考えたことによって、商品の持つ素朴さや、ものづくりへの素人っぽい生真面目さ、温かさを自然に伝えることができたのだろう。

以前話題になった「頑固豆腐」や、外食にもある「頑固職人」キャラクターも、同様な傾向にあるだろう。原材料や技術にこだわっている一徹な姿勢を、長々言葉で説明するのでなく、「頑固職人」キャラクターを見せるだけで、感じさせてしまおうという方法だ。**おしつけがましくなりやすいこだわりや、くどくなりやすい説明をさけ、消費者に感じ取ってもらうのに、キャラクターは、**

大きな効果が期待できるのがわかるだろう。

更に、洋菓子店の中には、ユニークなタイプのキャラクターを使う店が出てきている。オーナーパティシエのキャラクター化だ。やさしく親しみやすいけれど、仕事にはこだわりを持っている…と言ったイメージがねらいだろうか。まさにお菓子の作り手のキャラクター（性格）が店のコンセプトになっているもので、キャラクターが商品イメージに直結している例である。

このように、キャラクターは、単にアイキャッチ効果だけでなく、商品開発コンセプトにまで関わってくる場合がある。キャラクターを、お菓子作りの好きな外国人のおばさんにするか、頑固職人にするか、フランス帰りの好奇心旺盛でやさしいパティシエにするか･･･で、想像される商品は全く違ってくるだろう。**キャラクターの性格をどう設定したかによって、どんな商品を開発すべきか、さらに店の雰囲気作りや、売り方がどうあるべきかといった方向まで決定づけるやり方もある**のだ。

この他、ＴＶアニメや映画、ゲーム等で、既にキャラクターとして人気のあるものを、お菓子やパッケージのデザインに利用する方法もある。キャラクターのパワーを、お菓子のイメージアップと販促に使う場合だ。催事菓子や流通菓子などに使われる場合が多いようだが、お菓子の対象客層やキャラ

【キャラクターと商品コンセプト】

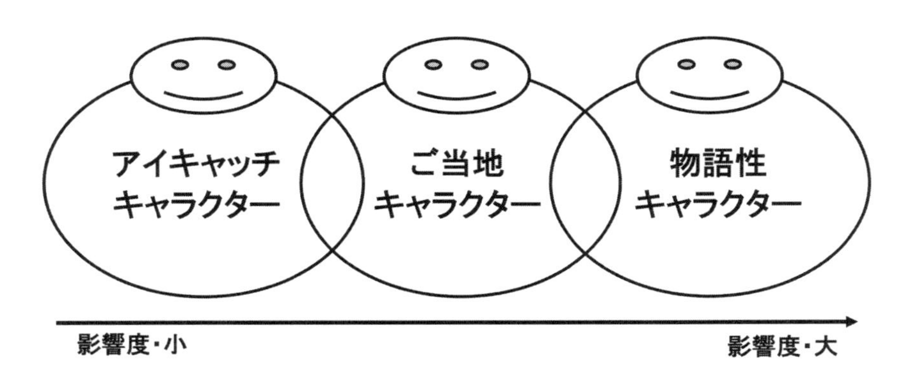

クター人気の度合いによって、販促効果は左右されるので、採用検討の段階でしっかりチェックしていただきたい。また、著作権料や使用上の制約条件があったりすることも多いので、契約内容の細部にも注意すべきだろう。

発想ポイント　**キャラクターは、商品等の性格作りに強い力を発揮する。**

第3章

味を設計する

1 食感にこだわる日本人

味と食感の関わり

食感でおいしさを表現

「麺のコシがしっかりしていてうまい」とか、「エビがプリプリしていておいしい」、「脂がのって、とろりとしていて絶品だ」、「新鮮な野菜のシャキシャキ感がいいね」など、おいしさを表現しているのだが、「ほのかな甘みがおいしい」とか「さわやかな酸味がいい」などのような味覚表現ではない。冒頭の言葉は、**口当り、歯応え、舌触りなど、物の硬軟や性質を、口中の触覚で感じる…つまり「食感(テクスチャー)」でおいしさを表現している**のである。

私達の日常会話を思い出してみると、食べ物のおいしさを、食感で表現することが多いのに気がつく。「とろとろクリーミーでおいしい」「もちもちしていてうまい」など、スイーツの世界も、食感でおいしさを表現することがたくさんある。

また、くず切りやナタ・デ・ココ、タピオカ、グミ、いくら、数の子など、テクスチャーだけ味わうといってもいいほど、食感を楽しむ食べ物も、想像以上に多いようだ。

◆食感
食物を食べた時の、口当り、歯応え、舌触りなどの感覚。口中触覚。テクスチャー。

◆食味
食べ物の味。味わい。

日本の料理の特徴

日本の料理の特徴を大枠でとらえると、①生物(なまもの)の多用、②素材の持ち味を活かす、③鮮度感重視、

④うま味等々が指摘されている。ここから読み取れることのひとつは、①～③の要素は緊密に絡み合っていることと、②の「素材の持ち味を活かす」に中心がありそうなことだろう。**日本の料理は素材感を大切にすること**を重視しているように感じられるのだ。そして、この**素材感は質感や物性に通じ、食べ物の素材感は、味覚だけでなく食感としてとらえる部分が多い**ように思われるのである。

ご飯のおいしさは、舌で感じる味覚より「口当り」の部分が大きいという指摘もある。ご飯粒の表面に形成される独特の粘り気と艶のある「保水膜」…「おねばの濃縮膜」のなめらかな口当たりが、おいしさの正体だという説も発表され、注目された。(産経新聞 1992.9.26)

外国との比較では、林望氏の『イギリスはおいしい』に好例があった。氏は、この著書のなかで、日本人は「ほとんど際限なく食物のテクスチュアを追求してやまない」と記している。

いくつかの例をあげたが、**日本人の「食味」の特徴は、味覚と同じ位か、もしくは味覚以上に、食感にこだわっている**ことではないだろうか。どんなにいい原材料を使っても、食感が悪ければ、生活者に受け入れられないかもしれない。**食感は、商品開発上の重要なファクター**なのである。

食感の広がり

食べ物の味「食味」は、舌だけで感じるのでなく、目、鼻、耳、皮膚など感覚器官すべてが関わり、五感（視覚、聴覚、味覚、嗅覚、触覚）でとらえていることは、よく知られている通りだ。このうち、触覚は食感としてとらえられている。食べ物に関する触覚を考えてみると、口の中で感じ取る硬軟などの物性以外にも、味に影響する触覚関連の感覚があるように思われる。

まとめてみると…

①**食感**(口中触覚…硬さ、軟らかさ、なめらかさ、しとり、粘性、弾力等)
②**温度感覚**(熱い、温かい、冷たい等)
③つまんだ時、触った時の**接触感覚**
④**視覚的触覚**(軟らかそうに見える、ザラついて見える、熱そうに見える)
⑤**聴覚的触覚**(噛む音からの連想)

普通、食感というと①を指しているのだが、②温度感覚も食べ物にとって大切な要素であるし、味覚、視覚、聴覚、嗅覚のいずれにも属さないので、食感の分野だと考えられる。また、食味への影響度は強くないにしても、③～⑤も触覚的要素になってくるだろう。この食感を、更に感じる場所によって、右ページの別表「口中触覚」のように区分することができる。

食感を表す言葉をポジショニングマップに落とし込むと、P.92の「食感言語マップ」のようになる。この**食感を表すオノマトペ(擬音語等)中心の言葉は、諸外国よりはるかに豊か**だと言われている。日本人の食感こだわりの強さの証左であろう。

◆五感
視覚、聴覚、味覚、嗅覚、触覚。→食感

◆オノマトペ（仏 onomatopée）
擬音語、擬声語、擬態語。音や声、状態などを感覚的に音声化した語。「カリカリ」「ふわふわ」「モチモチ」など。

食感の基準

日本人の食感に対する鋭敏さは、新鮮な素材を生のまま食べるという習慣によって磨かれ、様々な食材と出会うことで広がり、豊かになってきたものだろう。その**長い食文化の中で、日本人の好みの食感が生まれてきたとすれば、それを把握し、参考にすることで、開発商品の食感を設定できる**はずである。その基準にふさわしいものは、日本人が長い間食べ続け、食文化の基盤ともなり、遺伝子に刷り込まれているかもしれない「ご飯」の感覚になるのではないか。

コメには、ご飯として普通に食べる「ウルチ米」と、赤飯や餅に使う「モチ米」とがあり、デンプン質に違いがある。ウルチのデンプンはパサパサ感のあるアミロースと粘性のあるアミロペクチンの両方を含んでいるが、モチはアミロペクチンのみである。人気品種のコシヒカリは、アミロース分が少ないコメで、モチ性あるいは粘性の強いウルチといってもいいかもしれない。新しく開発されたコメの多くは、コシヒカリの性質に近いものが目指され、その後も指標のひとつになっているように感じている。**モチ性食感または粘性と、ご飯の含水率が、日本人の食感の原点にある**のではないだろうか。

【口中触覚】

歯	歯触り 歯応え 歯切れ
舌	舌触り
口	口当り 口触り 口溶け 後口
のど	のどごし

【食感言語マップ】
TEXTURE WORDS MAP

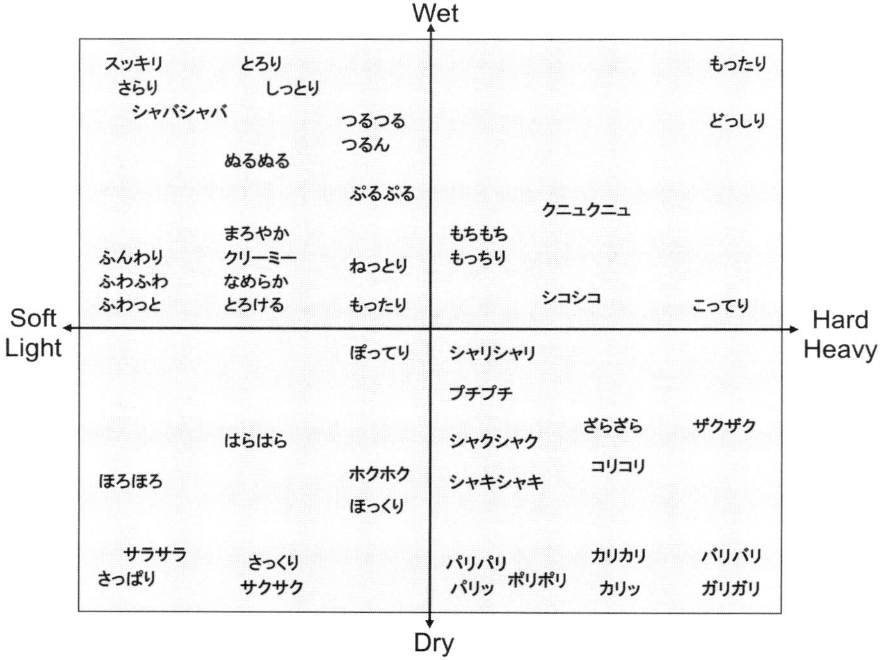

Wet

スッキリ
さらり
シャバシャバ
とろり
しっとり
つるつる
つるん
ぬるぬる
ぷるぷる
まろやか
クリーミー
なめらか
とろける
ふんわり
ふわふわ
ふわっと
ねっとり
もったり
もったり
どっしり
クニュクニュ
もちもち
もっちり
シコシコ
こってり

Soft
Light

Hard
Heavy

ぽってり
はらはら
ほろほろ
ホクホク
ほっくり
サラサラ
さっぱり
さっくり
サクサク
シャリシャリ
プチプチ
シャクシャク
シャキシャキ
ざらざら
ザクザク
コリコリ
パリパリ
パリッ
ポリポリ
カリカリ
カリッ
バリバリ
ガリガリ

Dry

食感と味覚の意外な関係

おいしさの基準としてだけでなく、食感にこだわりがあると、どんな部分にまで影響が及ぶのだろうか。

わかりやすい例をあげると、さわやかさを強調したいスイーツを開発した時、ネーミングやカラーリングがさわやかであっても、粘り気の強い食感に仕上がっていたら、どう感じるのだろう。恐らく、くどさやしつこさが感じられて、さわやかさはなくなってしまうように思われる。ヘルシー感をねらったものも、同じような感覚になるかもしれない。

一般的に、**粘り気の強いものは、舌の上に残る時間が長いため、味は強調**

されやすく、硬いものは舌の上に残る時間が短くなる傾向があるため、味は控えめに出やすいようである。**味を感じる細胞「味蕾」との接触時間の長さ**が関係しているのだろう。食品開発上、意識しておきたい「**食感と味覚**」の関係だ。

◆味蕾(みらい)

味覚器。主に舌の上面の、味細胞などからなる花の蕾(つぼみ)状の微小な器官。甘・酸・苦・塩の味を、それぞれ別の味蕾が受ける。

発想ポイント

おいしさを食感によってとらえる場合が多く、味覚に大きく影響する。

2 嗜好、欲求は年齢で変化する

味覚は成長・変化する

味覚と年齢

味覚は、歳に連れて発達するが、赤ちゃんが最も早く感じる味は、甘味とうま味だと言われている。次が塩味だろうか。赤ちゃんは、まず生命の維持に欠かすことのできないモノであることを示す味を求め、生命の危険性につながりそうな味を、本能的に避けるのだそうだ。赤ちゃんは、腐敗につながる危険性のある酸味や、毒につながる危険性がある苦味などのある食べ物を避けることになる。つまり、酸味や苦味、渋味、辛味がおいしいと感じるようになるのは、ある程度の年齢と、様々な食経験が必要になってくるのだ。

従って、当然のことながら、**味覚の発達が嗜好に与える影響は大きく、商品開発には、対象となる客層の年齢、食経験と嗜好傾向を考慮**することが欠かせない。

嗜好は変化する

年齢による味の感じ方の変化と関係があるが、嗜好も歳とともに変化して行く。子供の頃大好きだったものが、それほどでもなくなり、嫌いだったものが、大人になったら大好物になったというようなことは、多くの人が経験しているだろう。一般的に、子供時代は甘いものが好きで、青年期はエネルギーになるような油っこいものを好み、高齢化するにつれてサッパリしたものが良くなってくることが知られている。**人は歳とともに、体が変化し、その体が要求するもの、欲するものも変わってくる**のだろう。であれば、**商品開発する場合、対象とする顧客の年代の嗜好傾向を、しっかり考慮しておく必要**がありそうだ。

既存の客層、これから新たに開拓したい客層、新商品の対象客層などの年

【世代別　料理・食品の嗜好】

	10 ｜ 20 代	30 代	40 ｜ 60 代
スパゲティ	○	○	ー
ピザ	○	○	ー
グラタン	○	○	ー
ハンバーグ	○	○	ー
洋菓子	○	○	ー
アイスクリーム	○	ー	ー
和菓子	ー	ー	○
ご飯	ー	○	○
野菜の煮物	ー	○	○
焼き魚	ー	○	○
おでん	△	○	○
漬物	ー	○	○
酢のもの	ー	○	○
すきやき	ー	○	○
焼き肉	○	○	△

注①○は各世代で「好き」と答えた人が全体の割合に比べて多い場合。
　ーは少ない場合。△のおでんは20代、焼き肉は40代が「好き」が多い。
注②全国16都市の12歳以上の男女
　1978(S53)=4507人　1980(S55)=5983人　1982(S57)=6091人
注③関東学院女子短大、味の素共同調査より作表

代の嗜好傾向を、味決めや商品イメージ作りに取り込んで行くことが、大切になってくる。

日頃から、**来店・来訪する客層と商品の売れ行きの分析をして、嗜好傾向を把握する**ことや、**売り場(買い場)での顧客との会話、ツイッター、フェイスブックなどソーシャルメディア等を通して、顧客の欲求を把握する**努力が必要になりそうだ。**量産型の流通菓子等を開発するような場合、ビッグデータに取り組むことも、必要になってくる**だろう。

高齢化と洋風・和風

2012(H.24)年9月時点の推計人口によると、65歳以上の人が3千万人を超え、全体の24%強になった。益々高齢化が進行している昨今、洋菓子・洋風スイーツ業界が以前から抱えている不安感のひとつに、「高齢消費者の和風回帰・和風志向が強くなり、洋風菓子離れが起きるのではないか」という懸念があった。この問題については、以前ほどの危機感はないようだが、かなりの人が今でも意識しているのではないだろうか。これも、年齢と嗜好の問題である。

P.95の「世代別　料理・食品の嗜好」の表を見て欲しい。調査時点がやや古いのだが、等間隔の時系列で、同じ項目について調べられているので、貴重な資料になっている。結果は、3回とも同じ傾向になったとのことであった。

これによると、**30代はクロスオーバーの時期で、和洋共に幅広く楽しむ傾向が見える。ここをターニングポイントとして、30代以前は洋風志向であり、それ以後は和風志向である**ことが読み取れよう。

確かに、洋菓子業界、流通菓子業界が心配する傾向は

◆ソーシャルメディア
→SNS(ソーシャルネットワーキングサービス) 参P.56

◆ビッグデータ
従来の一般的なデータ処理ソフトでは処理しきれない膨大なデータ。例えばウェブサービス分野では、オンラインショッピングの購入履歴、エントリー履歴、画像、SNSに参加者が書き込むコメントなどのソーシャルメディアデータ等々がある。

あるのだが、もう少し詳細に表を見て欲しい。表の下のほうだ。純粋な洋風ではないのだが同じ肉料理でも、焼き肉は若い層に好まれ、すきやきは年配層に好まれているのがわかる。このことから、**年配層は汁気のあるもの、強い味を直接感じないマイルド感があるものを好む**ことが読み取れそうだ。つまり、若いうちは運動量も多く、体力を使うために、エネルギーを体が欲しがり、肉をたっぷり食べ、強く濃い目の味を好むだろうし、年配になると、運動量も減り内臓などの機能も低下してくることから、肉だけでなく野菜もとれ、余分なエネルギーはあまり欲しいと思わず、マイルド系を好むからなのだろう。

高齢化社会の到来に対して、和風を取り入れるのはひとつの方法だが、「洋風か和風か」という切り口からだけ見ていると、解決策・対応策は見つけにくいかもしれない。**成長段階とエネルギー量という観点からとらえることと、くどさのないマイルド感・あっさり感を追い掛けることによって、洋風のものにも大きな可能性が見えてくる**ように思われる。逆に、和風だから全てがいいと判断するのは早計で、和風のものでも、あまり好まれない味はあるかもしれない。

また、前述の調査時点以後の傾向として、子供時代から洋風のものに親しんできた世代は、調査結果より洋風好みの年齢が高くなって、クロスオーバー期が10歳位高くなってきているように感じられる。食経験が、嗜好傾向に影響しているのだろう。ここにも目配りする必要がありそうだ。

2015(H.27)年のある調査によると、「おふくろの味」として鶏のから揚げやカレーが上位を占めているという。じわじわ変化してきているのである。新しい和洋折衷や和洋融合が、生まれてくるかもしれない。

世代と嗜好

嗜好は、年齢と共に変化する傾向がある反面、**食体験の影響を残す部分もある**ようだ。流通菓子などにも見られるように、子供の頃よく食べたものの記憶が、色濃く残っていることがある。

キャラメル、ポン菓子、お祭りの屋台や駄菓子屋の店頭に並んでいたお菓子類、流通系の箱菓子や袋菓子等、数々の菓子類が、懐かしさと共に語られ

年代と嗜好傾向

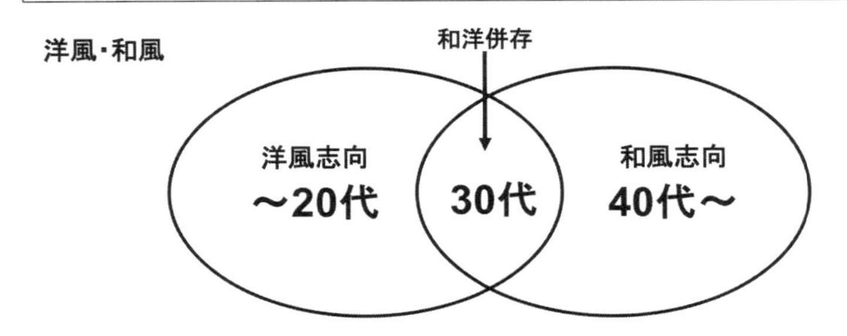

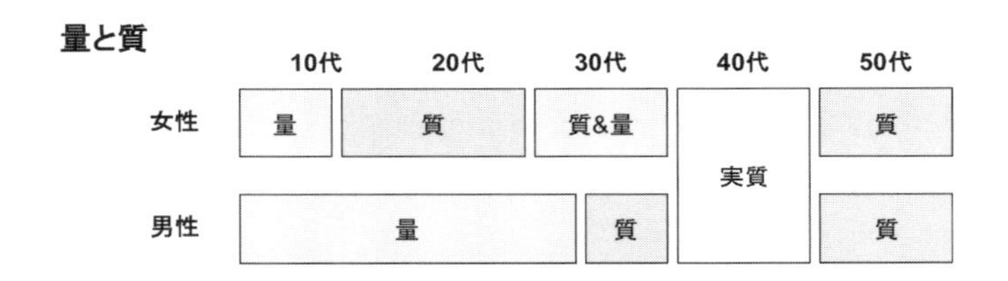

ることが多いが、これらは、その菓子を**よく食べていた同じ世代によって、共有される嗜好**になっているようだ。**世代による嗜好性**である。学校給食メニューの影響が話題になったりする通り、時代による食生活の傾向などでも、同様なことが起こるようで、世代による嗜好傾向の特徴もあるように感じられる。

プロモーションなどで、これらの復刻版を販売すると、大きな人気を得ることがあるだろう。定番化できるかどうかの判断は難しそうだが、プロモーションなど期間限定で販売すると、効果がありそうだ。

量と質

量と質も、人の成長段階に左右されるものだが、**男性と女性とで、傾向は異なってくる**。

女性は、食べ物によっては１０代の後半から、既に質志向が始まり、個人差はあるが、子育ての時期には、やや量志向が出てきた後、実質志向に変化、５０代には質志向へと戻るのが一般的であるようだ。

ただし、これは子供のいる場合の傾向であり、子供がいない場合は、違ってくることが考えられる。この場合、２０代以降、質志向のまま変化しない可能性もありそうだ。単身者の増加傾向を考えると、ここにも新たな目配りが必要かもしれない。

男性の場合、量志向は場合によって３０代前半まで続いた後、子育て期の実質志向以外は、質志向になるようである。

女性と男性の質志向の内容は、多少違っている。こと**食に関しては、女性は革新的で、冒険を好むが、男性は保守的で冒険を好む人は少ない**ようだ。ブランド的なものへの志向性は、男女とも、特に差はないかもしれない。菓子に関しては、従来、女性のこだわりは、男性の推測をはるかに超えるものがあったが、近年では男性も菓子にこだわる人が増えて来ている。「スイーツ男子」という市場が、これからどこまで膨らんでくれるか、楽しみが出てきた。

時代と共に、生活者も変化する。**生活者（消費者）の変化の兆しをとらえることが、新しい商品開発の切り口の発見につながる**ように思われる。

発想ポイント
嗜好、欲求は年齢によって変化するため、客層の年代の傾向から、開発の方向を決める。

3 季節の表現も変化する

季節感は消費マインドのスイッチ

季節を味わう

古来、**日本人は季節を愛で、大切にしてきた**。「季語」を大切にする世界で最も短い詩「俳句」が好まれるのも、四季のはっきりした日本ならではのことだろう。こういった**季節への思いは、日本の文化に深く根ざしている**と考えられる。

食材の旬を味わうだけでなく、食材以外の木の葉や小枝などを、料理や菓子に添えるといった**季節の風情は、味を豊かにする大切な要素**であった。夏のよしずや風鈴、打ち水、冬の雪見障子や温められた部屋、湯を沸かしている（音）など「しつらえ」と共に、**季節を五感で楽しむ工夫**がなされて来たのである。

和菓子の世界では、季節ごとに変わる桜餅や草餅、水ようかんなどの朝生、季節の花鳥風月等を見立てて作る上生菓子や干菓子など、情緒豊かな季節のお菓子がたくさんある。

洋菓子も、例外ではない。西洋の催事の導入、季節の素材を活かした菓子、季節に合わせたアイテムの投入などの季節変化が工夫されている。また、日本的な催事をも取り込み、季節感の演出に花を添えてきた。「洋菓子の季節感表現」（P.104）の表を見ていただきたい。

近年、温暖化の影響が出始め、気候が大分変調し、平均気温が上昇している。品種改良もあるのだろうが、いつの間にかゴーヤー（ニガウリ）が関東地方でもとれるようになったし、マンゴーが宮崎名物になっていたりする。気温が上昇し続け、産物の北限が上がり続けると、**季節感も変わって行く**ことだろう。

季節表現もリフレッシュ

かつてスイーツ類で春と言えば「いちご」がほとんどだった。ところが近年は、いちごだけではなくなってきているのはご存知の通りだ。

2002（H.14）年頃だったろうか、桜の葉や桜の花の塩漬けを、洋菓子に使う例が出始めた。初めは、桜餅のような風味が洋菓子にはなじまないのではないかという心配があったが、桜を使う春の洋菓子が少しずつ増えて行き、2006（H.18）年頃にはブーム化、今ではもう定着したと言ってもいい状況だ。洋菓子の春の表情が変わったのだ。

日本人にとって「桜」は、春の象徴だが、食物の素材としては、あまり使われていなかった。元来、桜餅、桜湯、桜あんぱんや饅頭のように桜の花を飾りにつけるものなどがあったが、種類はさほど多くなかったのだ。味覚的には、桜の花はあまり個性がなく、桜の葉の香りは特徴的だがやや強いため、食べ物には使いにくかったのだろう。

ところが、近年では**桜スイーツが春の定番になってきた**のは周知の通りだ。桜の華やかさと、洋菓子の華やかさのイメージがマッチしたのだろうか、洋菓子の季節表現としての新鮮さがうけたのだろうか、その後も勢いは衰えていない。更に、和菓子の従来アイテム以外の桜モノ、パンの桜モノも増え、売り場がピンクに染まり、「春爛漫」といった感じで活気づいている。

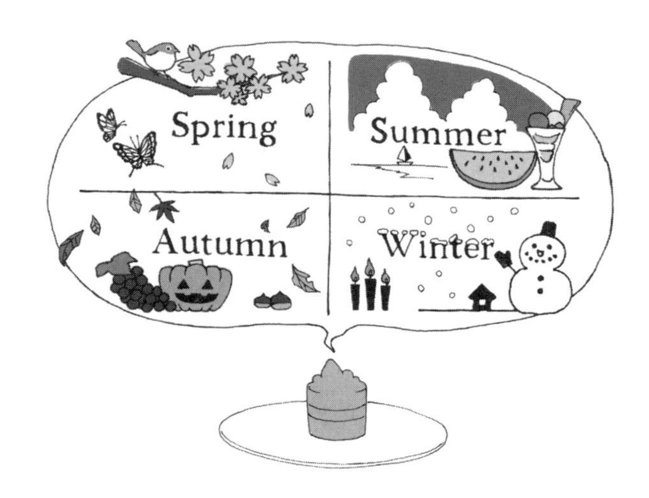

季節表現として再登場

和素材の定番**「桜」が、見事に洋菓子の季節表現として新しい風を吹き込んだ**後、次の動きが始まっていた。「新茶」シーズンに合わせた「抹茶」の季節感が再認識されたのだろう、シーズンアイテムとして改めて注目が集まったようだ。

既に抹茶は、良く使われる和素材の代表格でもあったのだが、「新茶」シーズンに合わせ、生菓子系の期間限定アイテムとして導入し、色彩や風味をグレードアップ、新鮮さを出しているように感じられる。洋菓子として、まったく新しい素材の投入というわけではないのだが、**季節の旬表現として新しさを持たせ、洋菓子店が同時期に一斉に販売したため、新鮮なインパクトとして感じられ、消費マインドを刺激した**のだろう。この抹茶の波は洋菓子だけにとどまらなかった。量販チルドデザート、カップデザートやチョコレート菓子等、幅広いジャンルに拡大している。この節のテーマと異なるが、その後、インバウンド消費(訪日外国人客の消費)にリンクして、今では季節を超える売れ筋に育っている。

抹茶より少し前だったように記憶しているが、和素材によって季節感を強調した例が他にもあった。秋に投入される期間限定品「和栗のモンブラン」である。ご承知の通り、モンブランは人気の定番商品であり、一般的には通年販売され、その意味では季節感が薄らいでいる。そこで、国内産の栗であることをアピールして**素材の季節感を強調し、旬イメージによる「限定価値」を訴求、季節表現の新しい切り口を見つけた**のだった。

次に新しい季節表現として育ってくるものは何だろうか。和菓子の朝生、料理の和素材などから、洋菓子に合う物が見つけ出され、スイーツ全体に広がって行くのかもしれない。

◆カップデザート
グラスデザート、グラススイーツと同様の容器入りデザート。

◆インバウンド
訪日外国人。

和菓子の世界では、新しい和洋融合が登場する可能性がありそうだ。「バレンタインデーにチョコレート衣の一口羊羹玉」、「新栗モンブランアレンジの薯蕷（じょうよ）饅頭」、「ハロウィーンにかぼちゃのしぐれ」など、おもしろい展開が考えられそうである。

消費マインドを刺激する

季節感そのものは、大きく変わらないかもしれないが、**人の心理は、その時の環境などの外部からの刺激や、さまざまな状況などに影響されて揺れ動く。**

その**揺れ動いた時、「新しい魅力」を見せることによって、顧客の心理は刺激され、購買へとつながって行く**のではないだろうか。**季節感は消費マインドのスイッチになる**のである。

近年、**洋菓子の季節感の新しい表現の多くが和素材と結びついているのは、洋菓子が日本化に向かっているのか、日本が高齢社会になってきているからなのか、それとも、両方の可能性があるからかもしれない。**

和洋混交が増え、季節表現は変わってきているが、季節性は支持されているようだ。つまり**好まれる季節表現が、固定してしまってはいない**のだろう。

季節を感じさせる新しい表情を生み出すことが、力のある新商品の開発になり得ることがわかる。新しい季節表現によって、新しい魅力を打ち出し、消費マインドを刺激し続けることができそうだ。

スナック菓子でも、季節限定商品が販売されるようになった。ポテトチップスの新ジャガのように原料の収穫時期であったり、地域の有名なお祭りとの関連であったり、受験の縁起菓子であったりなどといった季節モノだ。例えば流通量販菓子も、バレンタインのようなボ

◆薯蕷（じょうよ）饅頭
米粉に山芋を加えた皮で、あんを包み、蒸した饅頭。

◆しぐれ
もち米粉、あずきあん、砂糖を混ぜ、箱に詰めて蒸したもののそぼろ。

◆大人菓子
主要客層が子供であるような流通量販菓子メーカーが、少子化対策として　打ち出した嗜好やデザイン等を大人向けに変革した菓子。

リュームのある催事や、夏場の塩味キャンディー等の商品、運動会時期のゲーム菓子など、季節の切り口を工夫すると新しい魅力が作れそうに思われる。
少子化によって、大人菓子への志向性を強めている今、新たな「季節表現」を創造することで、新たな市場が開けるのではないだろうか。

洋菓子の季節感表現

	春	夏	秋	冬
素材	ストロベリー フルーツピュレ 生クリーム カスタードクリーム 桜	ピーチ　メロン チェリー　イチジク トロピカルフルーツ ヨーグルト 抹茶	マロン　スイートポテト 紅茶　パンプキン ぶどう　ナッツ ポワール　チョコレート	チーズ　チョコレート アップル オレンジ ナッツ
商品	ショートケーキ シュークリーム プリン シフォンケーキ	ゼリー ムース ババロア レアチーズ	モンブラン ショコラ タルト類 スフレチーズケーキ	チーズケーキ ガトーショコラ アップルパイ 焼き菓子
イメージ	ふんわり　やわらかい 溶け出す フルーティー 花　華やかさ	クール 透明感　クリア トロピカル　鮮やか 海	シック 実りの秋　収穫 アート(絵、音楽等) 懐かしさ　郷愁　レトロ	温かさ 重厚さ　伝統 静寂　落ち着き 雪
カラー	パステルカラー クリーム色　たまご色 淡いピンク　さくら色 淡い黄緑色　新芽の色	グリーン ホワイト イエロー　オレンジ色 こげ茶と白	アースカラー セピア　焼き色 ベージュ オレンジ色　紅葉の色	暖色系　赤 こげ茶 ホワイト 金　銀　黒
食感	ふんわりした(生地) ソフト 口溶けのいい	さっぱり感 サクサク感 ジューシー(水分) さわやか	とろりとした(クリーム) しっとりした(生地) まったり感	どっしりした(生地) もちもち感 コク

発想ポイント　**季節を感じさせる新しい表情を生み出すことで、力のある新商品が開発できる。**

4 新しい組み合わせの刺激

既成概念を捨てて、大胆に・慎重に

歴史をヒントに

組み合わせから新たな商品を生み出したものの傑作の一つに、「あんぱん」がある。ジャムなどのフィリングを入れたパンから、饅頭を連想したのだろう、イーストの代わりに「酒だね」を使い、ジャムの代わりに小豆のあんを入れ、焼き上げたのだった。今でこそ当たり前になっているが、発売当時は画期的な商品だったものと思われる。

同様なものでは、愛媛の名菓「タルト」がある。「カステラでこしあんを巻いたロールケーキ」と言った方がわかりやすいかもしれない。江戸時代、外国人からごちそうになった菓子がおいしかったので、松山藩主が作らせたと伝えられているものだ。

洋の物を、和素材で作るための知恵から生まれた組み合わせなのだろう。汎用性のある手法としてとらえなおすと、**違った分野の似通った素材に置き換え、組み合わせることによって、新しい価値を生み出す**とも言えるのではないだろうか。

既に**強く支持されている、人気のある組み合わせをふくらませる**ことも、歴史に学ぶ方法のひとつだろう。

和菓子界では、生クリーム入りのどら焼き、生クリーム入り大福などが大ヒットした。小豆と生クリームの組み合わせは、多くの人の支持を得ているようである。考えてみると、かき氷の宇治金時やクリームあんみつ、小倉アイスなど、小豆と乳製品の組み合わせは、随分前から多くの人々に愛されていることに気がつく。誰がどんなきっかけでこの組み合わせを思いついたのか、ベストマッチであり、長い時代に渡って支持され続けていることがわかる。

これを「豆」という類推で広げたのが、枝豆、だだちゃ豆などの茶豆、黒大豆、ずんだ（枝豆をすりつぶしたもの）など、「大豆」と乳製品との組み合わせへの広がりである。このように**支持され、好まれている組み合わせの一方を、同系列で新しい素材に変えてみるというのも、この方法のひとつ**だろう。

試してみる

大分以前のことになるが、ナタ・デ・ココを仕掛けた時の話である。当時ナタ・デ・ココはほとんど日本人にとってなじみのない、知られていない食材だったが、イカ刺しにも似た食感は「新しいのに、どこかで経験したことがありそうな食感」で、そこが魅力に感じられた。食べ方としては、あんみつのようにいろいろな素材と混ぜ合わせて食べる「ハロハロ」があったのだが、これだとナタ・デ・ココは印象に残らず、ねらいのひとつ**「新しいのに、なぜか既知感がある」発見**になりそうもない。ハロハロ以外の新たな組み合わせが必要に感じたのだった。

そこで、メニュー開発をお願いしたチームに、**いろいろな食材との組み合わせを実験**していただいた。食感については、ある種の仮説があったのだが、それにとらわれすぎておもしろみのないメニューになってしまっても良くないので、デザートという以外、何の条件設定もせずにお願いしたところ、思いもしなかった「ヨーグルト」が合うという結果が出てきたのだ。白いヨーグルトと半透明のナタ・デ・ココとを組み合わせるので、色彩的にはっきりしたコントラストにならず目立たないからあまり思いつかない組み合わせなの

だろうが、食感のコントラストは魅力的で、当時人気が低下していたヨーグルトメニューの活性化としても、おもしろい可能性を感じさせてくれた組み合わせだったのである。

組み合わせ方としては素朴だが、**菓子やデザートに使えそうな素材を無作為に並べ、実験的に相性をチェックする方法**である。全然あてがないのにこの方法でやるのは、やや無謀に感じるかもしれないが、食材のジャンルや性質など条件を工夫することで、意外性のある組み合わせも発見できる可能性がある。

例えば**食感の組み合わせ**を考えてみよう。クリーミーな食感と歯応えのあるものを合わせたり、ふんわりとした素材を包んだ皮をカリカリに仕上げたりするなど、**対照的な食感を組み合わせることによって、より豊かな味わいを得る**こともできるだろう。以前「複合食感」と名付けた「ナタ・デ・ココ＋ヨーグルト」のような組み合わせである。更に、流動性のあるくらいに柔らかいフィリングを、柔らかいけれど安定性のある生地の中に入れるとか、チョコレートのように温度によって変化するものを生地の中に仕込むといったものも考えられそうだ。**素材の組み合わせだけでなく、物性など視点を変えることによって、商品開発はいっそう幅が広がり、ふくらみが持てる**のではないだろうか。**色彩なども組み合わせの発想でとらえる**ことで、違った魅力を持たせた商品が開発できそうだ。

2014（H.26）年頃から話題になっていた「ハイブリッドスイーツ」も、組み合わせだ。原材料の組み合わせではなく、ある菓子の生地などを違う菓子の製法で作ると言ったような、**異なった菓子同士のいいところを組み合わせて、別なものを作る**のである。アメリカ生まれの「クロワッサンドーナツ」は、クロワッサンの生地で、ドーナツを作ったものだ。日本では、クロワッサン生地でた

◆ハイブリッドスイーツ
異なる菓子のいいところを組み合わせて、別な菓子を作るもの。

い焼きが作られた「クロワッサンたい焼き」が人気になった。この手法も、様々な可能性が拡がりそうだ。発想は違うが、「あんぱん」や愛媛の「タルト」にも、似通った匂いを感じる。

組み合わせの広がり

組み合わせの可能性は、スイーツそのものだけではないだろう。

例えば、**開発者のコラボレーションも、そのひとつ**と言えるのではないだろうか。デザイナーとパティシエ、芸能人とパティシエなどの組み合わせによる開発が、過去にあった。この場合、**どんな個性の人を組み合わせるかによって、相乗効果が生まれ、予想もできない結果が生み出される可能性がある**だろう。会社と会社の組み合わせも、あり得るかもしれない。

日本の古民家や町屋と洋菓子を組み合わせる…といったことも考えられるだろう。これは、**店または食べる場所を設定し、従来の洋菓子をそのまま販売するのでなく、その場にふさわしい新しい洋菓子を開発したいという場合**を想定してみた。チョコレートやアイスクリームも良さそうだ。ヨーロッパのクラシカルな建物で和菓子を販売するとか、外国に出店して、和菓子を売ることを考える…といった想定も、ユニークな開発につながるかもしれない。

和素材を使った洋菓子や和風洋菓子なのか、洋素材を使った和菓子や洋風和菓子なのか、全く新しい和洋融合型の菓子が生まれてくるのか、今までのものと違った開発商品になるかもしれない。高齢化への対応策にもなりそうである。

以上のように、食材の組み合わせは無論のこと、手法としての「組み合わせ」は、もっと広がりがあるのではないだろうか。スイーツ全般に応用できそうである。

発想ポイント

先入観を捨てて、思い掛けない組み合わせを発掘する。

5 味わいの設計

時間で変化する味

味覚だけではない「味わい」の広がり

食べ物の味は、周知のように**味覚、視覚、触覚（食感）、嗅覚、聴覚**の「五感」でとらえられる。中でも、味覚だけでなく、視覚、触覚（食感）、嗅覚などの占める割合が大きいことは、よく知られているところだ。

諸説があるようだが、人は外からの情報の半分以上を視覚から得ていると言われ、**「味わい」に大きく影響するのが、見た目**だと言われてきた。商品開発上、味覚だけでなく、視覚は重要なポイントになっている。

また、**「風味」は、「趣のある味わい」という意味**に解釈されるが、食べる前

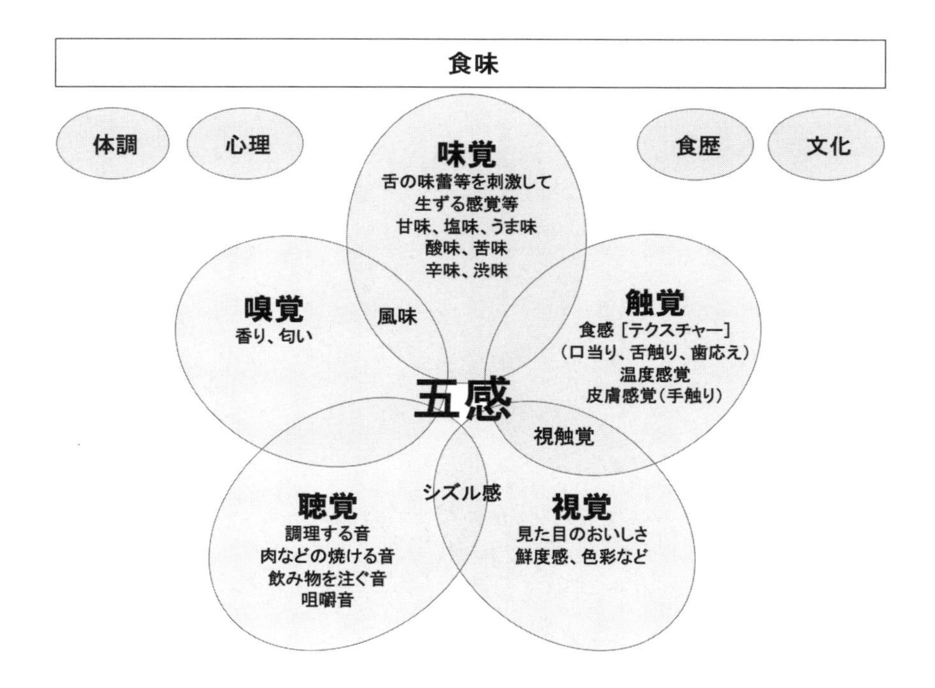

の香りや匂いとは別に、**口から鼻に抜けて行く香りが加わった味わいも風味**と解釈することがある。香りをともなう味、嗅覚と味覚にまたがる食味ということになるだろう。

これら食の世界で重要視されてきた「五感」でとらえる第一義的な「味わい」のほかに、おいしさを感じさせる感覚がある。「**シズル感**」だ。シズルsizzleは、肉などを焼くジュージューと言う音を言葉にした擬音語（オノマトペ）で、テレビＣＭなどに出てくる食品は、食べることができず匂いも出せないため、**おいしさの実感を音で伝えようとしたことに始まった**。その後、冷たい飲み物のおいしさを、ビンやグラスの水滴で表現するようになるなど、聴覚と視覚に訴える技法の幅が広がり、**食べ物の活き活きとした質感や食欲をそそるおいしそうな状態を「シズル感がある」というようになって、定着**して行った感覚だ。広告宣伝だけでなく、販売上でも、重要視されている感覚である。

「味わい」を動かす要因は幅広い

五感以外にも、「味わい」に影響する要素がある。まずは、**「体調」**と**「心理」**だろう。**「空腹は最大の調味料」と言われる通り、お腹が空いていれば、何を食べてもおいしい**し、風邪をひくなどちょっと**体調が悪いと、食べてもおいしく感じられない**といった経験は、多くの人が認識しているとおりだ。

好悪など心理の与える影響も大きいだろう。**自分の好物であればおいしさは倍化するし、嫌いなものは食べたくもない**はずだ。**楽しい時、うれしい時はおいしく感じ、緊張しすぎた時や悲しい時は味を感じない**かもしれない。

◆風味
①趣のある味わい。②食物を食べる時に、口から鼻へ抜ける香りと舌で感じる味との相乗的な味わい。

◆シズル感
味覚以外の聴覚や視覚でとらえるおいしさ。シズルsizzleは、肉などを焼くジュージューと言う音を言葉にした擬音語（オノマトペ）。テレビＣＭなど、食べることができず匂いも出せない場合に、そのおいしさを音で伝えようとしたことに始まった。

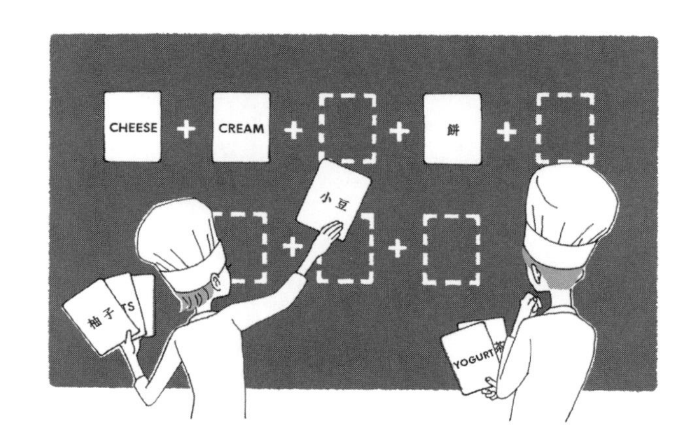

「食歴（食体験）」も影響してくる。**小さい頃に馴染んだ味は、いくつになってもおいしいと感じる**のが、その典型だろう。生まれ育った国や地域が違えば、食体験は変わる。**海育ちか山育ちかによって、食べ慣れたものが違うので、嗜好傾向は影響されるだろうし、おいしさを感じる傾向も影響される**だろう。意識的に**どういう食体験を積むかによっても、変わってくるはず**だ。

「文化」によっても、変わる部分があるだろう。**食文化・食習慣の違いで、食べたり食べなかったり、料理法や食べ方が違っていることがあるが、これもおいしさの感じ方に影響している**はずだ。狭い日本であっても、地域による違いがある。

これらの生活者が感じる諸要件のうち、全てに対応することは、不可能だ。そこで、**対象とするお客様の像を想定し、その欲求を推測して、求められている味をイメージすることが、スイーツ開発にとって大切**になってくるのではないだろうか。

◆食歴
食履歴。食経験、体験。

味の質と広がり

味覚について、一般的に「五味」が知られている。五味は、舌にある味蕾（みらい）という細胞が感じる**甘味、塩味、酸味、苦味、うま味**だが、これらの何が組み合わされ、どんなバランスかによって、味が決まって行くことになる。

これ以外で味として認識されているものに、**辛味、渋味**がある。辛味は、痛覚によって痛みとしてとらえられるものであることが知られるようになってきたが、渋味も味蕾で感じてはいないようだ。

また、近年オーストラリアの学者を中心に、**油味（脂味）**も味覚ではないかという研究が進められているようだ。これが学会で認められれば、味のフィールドイメージは、更に広がることだろう。

味には、質もある。例えば、甘味の場合、**糖の種類、原料や製法によって、甘味の質が違ってくる**ことが知られている。上白糖、粗糖、グラニュー糖、和三盆、粉糖、ザラメ、水飴、希少糖、合成甘味料等々、それぞれ素材の性質が違っているのだ。物性の違いだけでなく、サラリとした甘さか、濃厚な甘さか、すっきりシンプルな甘さか、複雑な甘さか、精製された甘さか、素朴な甘さかなどの甘味の質の違い、甘味の持続時間の違い等、スイーツの味わいを設計するためには、重要な要素であることがわかる。

たとえば、若い人向きに濃厚な味が持続するタイプの味作りなのか、シニア向けの深みのある味だけれどすっきり消えるような味作りなのか、**素材の持つ味の性質と、その組み合わせによって、どんな質の味が作れるのか**も大切になってくるのではないだろうか。

◆五味

甘味、塩味、酸味、苦味、うま味のこと。舌にある味蕾（みらい）という細胞で感じる味。

◆希少糖
(rare sugar)

国際希少糖学会において「自然界にその存在量が少ない単糖とその誘導体」と定義されているもので、60種類ほどある。希少糖の内、研究が進んでいるD-プシコースは、砂糖の7割程度の甘味がありながら、カロリーはほぼゼロで、「食後の血糖値上昇を緩やかにする」「内臓脂肪の蓄積を抑える」という報告がされている。

味は時間で変化する

食べ物の味は、口に含んでから少しずつ変化して行くことがある。

下のイメージ図を見ていただきたい。たとえば、食べた時には、酸味を感じたけれど、だんだん甘味が出てきてマイルドになり、次第にフルーツ系の風味が立ちあがってきて、さわやかな後味になる…というような変化だ。**味には、組み合わせる素材の質や量によって、時間差が生まれてくる**ように思われる。わかりやすい例を挙げると、パウダー状の調味材を生地に練りこんで使う場合と、上部にかけて使う場合では、当然ながら上部にかけた場合の方が、味は早く感じられるだろう。最初から計画的にできないまでも、試作を繰り返して行くうちに、見えてくるものがあるのではないだろうか。食品全

◆マスキング
好ましくない味や香り等を、別な味や香りによって隠してしまうこと。

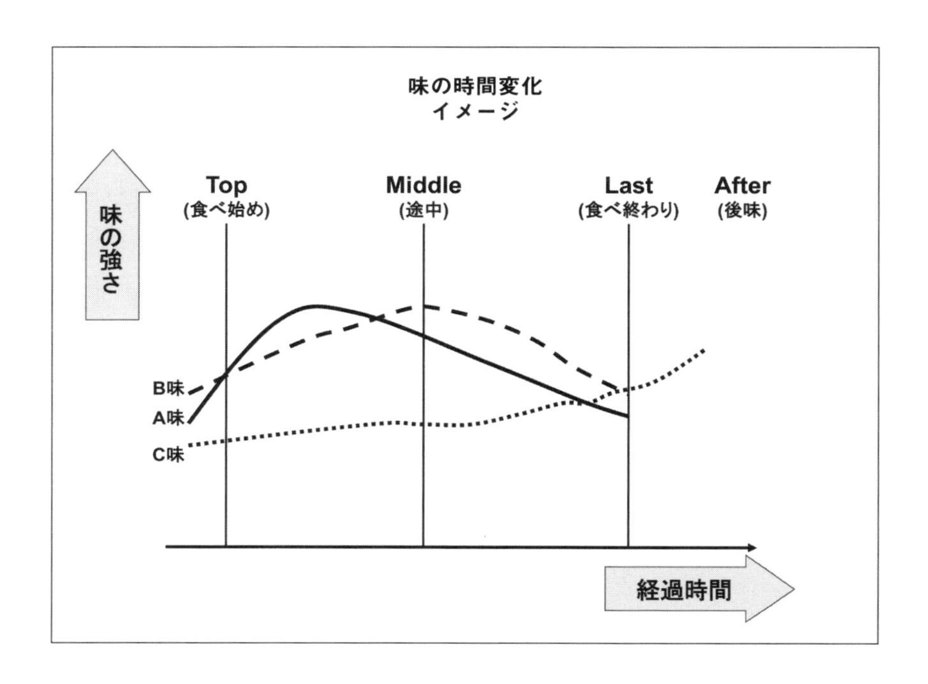

体でみると、ある程度意識して開発されているものもあるように聞いている。**「味わいのシナリオ」**とでも言えそうである。

好まれない味を隠してしまう「マスキング」の技術は、既にいろいろなところで、実用的に使われている。考えてみると、このマスキングの技術は、味を時間差で表現する技術の隣にあるもののように思われる。

こういった「味わいの設計」が意識してできるようになれば、「味のドラマ」が作れるようになるのではないだろうか。

発想ポイント **味わいの要素を意識的に組み立てて、新しい味わいを提供する。**

6 食べ頃を武器にする

最もおいしい時に食べていただく

スフレとシュトレン

スフレは、作ってすぐ食べなければおいしくなくなってしまうデザートとして、人気のある洋菓子だ。ふわふわした、えも言われぬ軟らかさでおいしいのだが、時間がたつと見る影もなくしぼんでしまう、そのはかなさが命の商品である。

シュトレンは、クリスマスに食べるドイツ生まれのコクのある伝統的発酵菓子だが、作り立てよりも、何日かしばらく寝かせてからのほうが、よりおいしく食べられるものとして知られている。

二つの極端な例を挙げてみたが、このように**お菓子によって、最もおいしく食べられる時…「食べ頃」が違っている**のは、周知のとおりだ。例として挙げた**特徴的なものは販売者も生活者（消費者）も意識しているだろうが、一般的な生菓子や半生菓子は、食べ頃が案外意識されていないように見受けられる**ことがある。

消費者がベストの状態のものを食べてくれたかどうかで、同じ原料、同じ工数をかけても、その味わいは全く違ってしまう。つまり、**食べ頃を上手に提供できれば、価値は飛躍的に高まる可能性がある**のだ。だからこそ、商品開発・販売する場合、**食べ頃をどう設定し、どう実現するか、想像以上に大切になってくる**のである。

お客様が食べる条件で試食

一般的に開発商品の試食は、試作してすぐくらいのものを食べることが多く、その時点で開発品の良し悪しを決めてしまうことが意外に多いようだ。日常の仕事をしながら試作することも多いため、良いことではないとわかっ

ていても、お客様が食べる時と同様な状態に準備したものを試食することは、なかなかできないのが現実だろう。

生か、半生か、乾き物かで、違ってくる。作られてからしばらくショーケースや陳列棚などに並べられたものを購入するが、顧客は買って帰ってからも、すぐ食べるとは限らない。また、贈答・プレゼントに使われれば、更に購入時点から人の口に入るまでの時間は長くなって行く。当然のことながら、**菓子そのものの経時変化と、温度・湿度などの環境変化による味への影響が起きてくる**だろう。酸化による変質が起こったり、水分移行や分離が起こったりしているかもしれないのだ。

お客様が買ってから食べるまでの、全ての条件を想定して再現するのは無理があるだろうが、少なくとも、**ショーケース、陳列台等に並べた後、お客様が食べるタイミングを予測して、ある程度の時間を経たものを試食する習慣を作るべき**ではないだろうか。

お客様が食べる時期を想定して試食を実施し、最もおいしい①**「食べ頃」を見極め、その食べ頃に合わせられる売り方を工夫する**か、②**条件付けられた販売期間から予測された食べる時期に合わせた食べ頃に調整する**かのどちらかを選ぶことになる。

◆すぐ食べるスイーツ

スフレのように、作ってすぐ食べないとおいしくなくなってしまうスイーツ。「ここでしか食べられない」格別性とリンクすると、強い顧客誘引力を発揮する。

◆経時変化

時間が経過することによる味や物性などの変化。

作り立ての魅力

作り立てに対する日本人の嗜好性は、相当に根強いものがある。**作るところを見せながらのシズル感は鮮烈で、そこには、匂いも音もあり、手際のいいマジックやパフォーマンスを見るようで、その上温度をも味方につけた食べ頃の提供ができる強みがあり、作り立てには、説明不要の説得力がある。**

作り立てを武器にした展開は、スフレ、作り立てシュー、焼きたてチーズケーキ、ベルギーワッフル、焼きたてパイ、和系では、作り立てだんご、たい焼き、今川焼、人形焼などたくさんの例がある。

※「誰もやっていないことを狙う」の項「焼きたて菓子市場(図)」参照(P.41)

作り立てコンセプトの延長線上に、デザートの存在がある。レストランやカフェ、サロン・ド・テ、デザート専門店のような所では、下ごしらえ等はあるが、**食べる直前に盛り付けるため、乾いた物は乾いたまま、ジューシーなものはジューシーなまま、熱いものと冷たいものもその持ち味を持ち続けたまま、他の食材と合わせられ、経時変化をあまり気にせず大胆な組み合わせも可能で、ベストな味が楽しめるのが大きな魅力**だろう。

近頃では、スナック菓子なども、デパート、駅ナカ等大型商業施設へ出店し、焼きたてを販売したり、お客様のオーダーを聞いてから作って提供したりすることも、増えてきている。作り立てコンセプトは、まだまだ可能性を秘めているように感じられるのだ。

◆サロン・ド・テ
仏語。ティーサロン、カフェ。

◆サイクル型消費
非常食、備蓄食で、賞味期限切れになる前に新しいものと入れ替えて食べてしまうことを繰り返す消費スタイル。

食べ頃意識の変化

焼き菓子の日持ちについての考え方も、時代と共に少しずつ変化している。今から15～16年前は、焼き菓子のフレッシュ化が求められていた。

ギフトや流通菓子類は賞味期限が長いほうが扱いやすいのだが、日持ちを延ばそうとすればするほど、味は犠牲にされやすいのが欠点だった。そこで、その頃菓子専門店のように、比較的管理がしやすいような場合、無理して日持ちさせるのではなく、ギフト商品の半生に注力し、乾き物も無理して日持ちさせないようにしたり、賞味期限を短めに設定したりするなどの工夫がされたようだ。個包装を開封した時の香りの良さや、おいしさが改めて追究されたと聞いている。

この流れは、東日本大震災によって、また変化した。生は今までより少し長持ちするものへの支持が増え、半生の支持も増えたようだ。大きく変化したのは、缶入りのビスケット類が売れるようになったことだろう。どうやら、非常食、備蓄食を兼ねているようなのだ。つまり、**日常用のお菓子の一部をこういった備蓄用として買い置き、賞味期限が切れそうになる前にお茶菓子**

含水率と日持ち

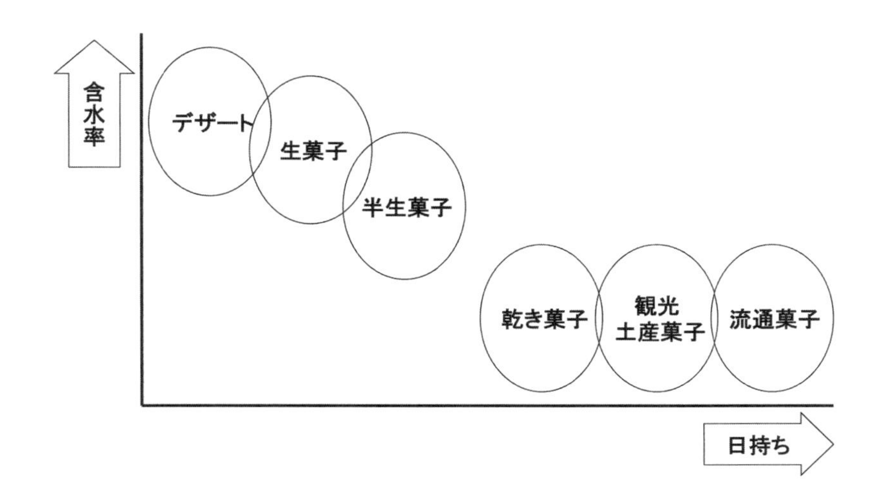

として食べるのである。非常食は必要だけれど、非常時専用食品を備蓄するのは最小限にし、日常的に食べる惣菜類のロングライフタイプや、代用食になるビスケットなどを備蓄して、期限切れ前に新しいものと入れ替えて食べるという**サイクル型の消費行動**が見えてきた。無論これが全てではないし、いつまで続くかはわからないが、震災前とは違った傾向である。

量販型のスイーツには、別な「食べ頃感覚」が必要になるだろう。食べ頃の味を可能な限り維持するために、経時変化を最小に留めるための技術が要請されるはずだ。添加物に頼るだけでなく、製造技術や環境、包材類の研究等、様々な追究を視野に考えることをお奨めしたい。

発想ポイント

最もいい状態の「食べ頃」で提供できれば、おいしさは倍化する。

第4章

魅力を拡げる

1 目でさわる…「視触覚」

軟らかさも鮮度も見える

硬さ、軟らかさが見える

コンクリートの壁や石段を見て、ほとんどの人は無意識に固さを感じている。同様に、ソファやその上に置かれたクッションは、ふくらみ加減や曲がり具合などを見ることで、どのくらい柔らかいのか、感じ取っているのだろう。触ってもいないのに、固そうに見えたり、柔らかそうに見えたりするのは、何度も**繰り返し体験しているうちに、見ただけでわかるようになる**のだ。経験によって得られる感覚だが、目で触っているとも言えるかもしれない。**視覚的触覚…視触覚**なのである。

たくさんの経験で得た感覚から、触る前にその物の性格をほぼ無意識の状態でも予測できるため、固い柱やドアにはぶつからないように避けたり、柔らかいベッドには何の躊躇もなく倒れ込んだりできるのだ。視触覚は、身を守る能力のひとつとも言えるだろう。

食べ物の世界も、同様だ。硬そうに見えるものは、最初軽く噛むなど確か

めてから、硬さのレベルに合わせてガリッと食べるだろうし、軟らかそうに見えるものは、最初から安心して食べるだろう。身を護ろうと、無意識のうちに、そうしているのだと思われる。

体を護る場合以外も、この感覚は日常的に働いている。たとえば、洋菓子店のショーケースの前に立った時、中にあるシュークリームを見て、そのシューパフ（シュー皮）が、硬そうか軟らかそうか、案外わかるものだ。わかりにくい時や、はずれる場合もあるだろうが、プロの技術者でなくても、それほど大きくはずれるようなことはないだろう。

ただし、色が影響する場合があるので、色によっては実際より硬く見えたり、軟らかく見えたりすることはあるかもしれない。

鮮度も見える

どんなものでも、経時変化がある。そして、**経時変化は、目に見えるものも多い**と言われ、見慣れてくると、時間が経って古くなっているのか、新しいものか、わかるものもあるようだ。

物の経時変化なので、「素材感」の一部ということになるだろうが、その**素材感は、触覚的にとらえている**ようなのだ。まさに視触覚…である。

生ケーキの上にのせられた**フルーツなど、ハリ、ツヤがあってみずみずしく新鮮なものか、ツヤもハリもなくなって水気を感じないような古いものか、「視触覚」で女性に目ざとく見分けられてしまう**。だからと言って、ナパージュ（艶掛け、グレイズ）をたっぷり塗ってしまったとしたらどうだろう。確かに乾燥は防ぐことができ、経時変化を遅らせることはできるが、素材感は隠され失われてしまう。

どちらを選ぶか、難しい問題かもしれないが、商品の回転や、客層、購買動機などを考えて、商品開発すべきところになってくるだろう。

スポンジなどの生地やクリームも、お菓子好きには、経時変化が見えるはずだ。**商品開発する際には、どの程度ショーケースの中に置かれるか、どのくらいの時間がたってからお客様の口に入るかを、想定して検証する必要がありそう**である。そして、経過時間に耐えられる商品を設計するべきだろうし、その条件設定は必ず守るべきだろう。

和生菓子も、同様に見えているのではないだろうか。例えば、菓子にかけられているタレのようなものなど、特に経時変化は見えやすいと思われる。また、水羊羹や餅菓子類の肌にも、そのあたりの変化が感じられることがあるだろう。厳しくなってきている生活者の目には、見抜かれてしまうかもしれない。

ギフト商品で個包装するものは、お菓子の経時変化が外から見えないため、案外安心していることが多いようだが、油断は禁物である。お客様が食べる時点を想定して開発しておかないと、個装紙から取り出した時、開発者が想定した以上に、お客様にガッカリされることになってしまうだろう。

人間は、まず**見た時の印象に左右されやすく、味覚は感覚的なものなので、味がイメージに影響されてしまう**のだ。日本人はまた、視触覚など食べ物について敏感な人が多いことも、注意すべきだろう。だが、鮮度感等がはっきり見せられれば、商品力がアップすることにつながる。

生菓子は、想像以上に鮮度が大切にされる。よりおいしく、より満足していただくためには、商品開発の段階からしっかり、設計するべきだろう。

おいしさが見える

繁盛店や人気店などに入って、ショーケースの前に立つと、ケーキなどのすばらしさが伝わってくる。お菓子が、おいしい顔をしているのだ。おいしさを表現しやすい生菓子の特徴でもあろう。**何の説明がなくとも、おいしさが見え**てきて、ケーキ大好き、スイーツ大好きな人からすれば、至福の予感の時、文字通り垂涎ものといっても言い過ぎではない。

「見えるおいしさ」は、鮮度、熟度、色彩など複数の要因が影響していることが考えられるが、「視触覚」部分も影響している。

まずは、「硬軟」がある。日本人が基本的に好んでいる軟らかさには、敏感かもしれない。しっとりした軟らかさなのか、軽いふわふわした軟らかさなのかなどは、ある程度見抜けそうだ。硬さでは、焦がしたパリパリ感など、見た目で感じられやすいもののひとつだろう。

鮮度感も視触覚的にもとらえられているはずだ。前述のように、ツヤやハリ、キメ、色といったとらえ方によって感じられているのではないだろうか。

生菓子を中心に書いてきたが、**おいしさが見えるように感じられるのは、焼き物、乾き物類でも、同様なことが言える**ように感じられる。焼き物の生地肌感やテリ、ツヤなど、思いのほか敏感に感じ取っているように思われるのだ。

また、**生活者目線でのおいしさが、はっきり見える人の開発商品は、「お客様に語りかけるお菓子」「お客様の琴線に触れるお菓子」になる**のではないかと思われる。

【イメージマトリックス】

カテゴリー	素	華
コア	・自然 ・手作り	・人工的 ・機械生産、量産
フィーリング	・素朴 ・牧歌的、土の匂い	・装飾的、技巧的 ・工業的、金属的
形状	・不定形、ふぞろい ・丸みがある ・やわらかさ	・定型、均一 ・鋭角的 ・硬質
触覚	・凹凸がある ・艶なし（マット） ・あたたかみ	・平滑 ・光沢あり（グロス） ・冷たさ
カラー	・中間色 ・やわらかい色 ・ナチュラルカラー、生成り	・原色、純色 ・はっきりした鮮やかな色 ・ビビッドカラー
材質例	・茶クラフト（紙）、段ボール ・木綿、つむぎ ・木、陶器 ・焼きむらのあるレンガ ・割ったままの面を出した石	・コート紙 ・化学繊維 ・プラスチック、ステンレス ・レンガタイル ・磨き上げた石

視触覚の広がり

視触覚は、食べ物だけの問題ではないだろう。最初に触れたように、エクステリア（外装・外観）やインテリアなど**店舗や、パッケージなどにも共通する感覚**である。

店内の壁面が、表面のツルンとした建材だけで作られ、まだ什器類が何も入っていない店に入ってみると、なんとなく素っ気ない感じがする。色にも影響されるが、平面的で変化が無いと、余計そう感じてしまうかもしれない。

P.125の「イメージマトリックス」をもう一度見て欲しい。**視触覚が、さまざまな分野にも広がっていく**ことが、わかっていただけるだろう。このマトリックスを使うことで、商品からパッケージ、店舗・売り場等にいたるまで、一貫性のあるプランニングができるだろうし、現状イメージのチェックリストとしても使えるはずである。

発想ポイント　**見ただけで、硬さ軟らかさなどの質も見え、好感度を刺激する。**

2 サプライズ…驚き・意外性

遊び心で、気持ちをほぐす

常識を裏切る

大分前の話であるが、富山の「ますのすし」そっくりに作られたお菓子がマスコミを賑わしたことがあった。見た目はすしだが、食べると甘いお菓子であり、**思い込み（常識）をくつがえされた驚きやおもしろさ、そのギャップが大きければ大きいほど話題**になるもののようだ。同様に、デザート食材で肉や魚などのコース料理を作った例もあり、ハンバーガーやラーメンなど、さまざまな料理や食品もスイーツで作られたことがあった。

やや極端な例を挙げたが、これらのスイーツに出会った時の**「驚き」は、鮮明な記憶となって残っている**ことだろう。「驚き」は英語で「サプライズ」、フランス語では「シュルプリーズ」。発音は違うが、綴りは同じsurpriseだ。因みに、フランスの菓子には、「オムレット・シュルプリーズ」など、「シュルプリーズ」を名前につけたものがいくつかあるようだ。

ここに挙げた例は、実用とは無縁の「遊び」である。**常識を裏切った「驚き」と「おもしろさ」に、固くなってしまった神経、心をほぐしてくれる価値がある**のだ。オーバーに言えば、「精神の自由さの獲得」だろうか。**「癒し」とは違った「心の栄養」になる**のだ。だからこそ印象に強く残るのではないかと思われる。

◆シュルプリーズ

仏語 surprise 英語でサプライズ（スペル同じ）。驚き。

形を借りる

菓子店の場合、催事商品や季節商品として短期間販売する場合は、奇抜なものもインパクトがあっていいだろうが、極端なものは出し難い店もあるかもしれない。菓子店らしい可愛らしさという意味では、ポルトガルで、小石そっくりのドラジェを見たことがある。これだと、楽しさはあっておしゃれではあるが、「驚き」をねらうには、少しおとなしすぎるかもしれない。しかし逆に**菓子店の「驚き」は**このくらい**ソフィスティケートしたほうがいいという考え方もありそう**だ。**店の客層や雰囲気なども考慮する**ほうがいいのではないだろうか。

「だんご三兄弟」という歌がブームになってだんごがヒットした時のことだが、そのブームに乗って、串刺ししたプチシューが人気になったことがある。その後スペインの串料理であるピンチョスが話題になった時、串刺しのケーキが登場して、客を驚かせたこともあった。いずれも**洋菓子やデザートでないものの「形状」を取り入れ、消費者の興味・関心をとらえる**例である。同様な発想で、ダテ巻き形のチーズケーキが販売されていると聞いた。目玉焼きを模した「たまご鍋（プラタ・ウー）」や、前出のすしやコース料理の例に通ずるものがあり、伝わりやすい「驚き」と言えるかもしれない。

味のギャップのサプライズはできないが、アニマルケーキなど、食品以外の形状を模すことも、この手法の一部と見ることができるだろうし、この手法は幅広い応用が考えられそうである。

組み合わせ

今でこそ普通に売れ筋定番になってしまったが、登場した時にはインパクトがあったと思われるものに、「あんぱん」や「カレーパン」がある。「いちご大福」「生クリーム大福」「生どら焼き」なども、これに入るだろう。大福のバリエーションは増え続けていて、みかんが丸ごと入った「みかん大福」や、プチトマト丸ごと入りの「トマト大福」なども登場している。

異質なものと思い込まれていたものの組み合わせは、登場時のインパクトが大きく、関心度は強くなる。だからこそ、単に変わっているだけのキワモノ商品に終わらせないために、目先のおもしろさだけに頼らず、しっかりおいしさを追及し、長く支持される商品に育て上げる努力が必要だろう。

近年、わさび、味噌、醤油といった、今まであまり使われたことのない和素材をスイーツ類に使う例が出てきた。これらも、奇抜さを乗り越えられる味づくりを工夫しているのではないだろうか。

この手法で**大切なことは、「発想の柔軟さ」と「とにかく試してみる」という好奇心**だろう。これまでタブーとされていた組み合わせや製法も、そのまま鵜呑みに受け入れてしまうのでなく、どうしてだめなのか検証してみるという姿勢で挑戦することも必要ではないだろうか。レシピに書かれている素材名は同じでも、昔のものと現代の素材の質は変わっているかもしれない。質が変わっていれば、組み合わせ結果や製法も変わってくる可能性があるはずだ。そこにも新たなモノづくりのヒントが隠れているかもしれないのである。

※別項「新しい組み合わせの刺激」(P.105)参照

サイズ、スタイルのサプライズ

サプライズものの典型例は、ビッグサイズだろうか。話題になったバケツプリンや超ロングロール、人間の頭くらいあるお化けシューやお化け饅頭、巨大どら焼きなど、ビッグサイズの例は枚挙にいとまがないほどだ。

※別項「サイズ・形状を変える」(P.131)参照

今では情趣豊かなおしゃれとしてとらえられているが、和菓子にはスタイルのサプライズとも受け取れるような、昔から見られる**容器の楽しみ**があるだろう。例えば、水ようかんを竹筒に流し入れたものや、円筒の底を押すと少しずつ出てくる羊羹があるし、粽や飴を笹の葉で包んだものなどもある。

洋菓子のユニークなものには、卵の殻に流し入れたプリンを、卵販売用のボールケースに詰め合わせたものがあって、話題になったことがある。ミニサイズの牛乳瓶プリンも可愛いサプライズだった。古くは、ビールゼリーのビールジョッキ形グラスもその中に入るだろう。

新しい包材の登場などをヒントにすることで、容器のサプライズの可能性は、まだまだありそうだ。

遊び心

チョコレート菓子をレンジかオーブントースターで焼くという菓子が話題になったことがあったし、米菓に客が希望した調味料をかけてくれるものもあった。

焼き菓子を食べてみると、中が空洞だったという和菓子の「一口香」も、サプライズものであろう。米菓にも風船をイメージした同様なものがあり、わかっていて驚かなくなっても、遊び心が楽しめる。

「サプライズ(シュルプリーズ)・・・驚き」を創り出すためには、常識にとらわれない柔軟な発想が最も大切だ。そして、**新鮮な発想のためには「遊び心」が大事で、ヒットさせるためには「話のタネになること(話題性)」が不可欠だろうし、長期間支持され続けるためには「おいしさ」が絶対条件**になるだろう。

発想ポイント **「サプライズ」は、誰かを驚かせたい、楽しませたいと思った時、購買意欲にスイッチが入る。**

3 サイズ・形状を変える

常識をくつがえして需要発掘

驚きの巨大なお菓子

イベントなどで、ギネスブックに挑戦するような、何メートルもあるとてつもなく長い長いロールケーキや、巨大なデコレーションケーキを作った･･･などというニュースに出会ったことが、誰しも一度や二度はあることだろう。この**常識を超えた大きさが話題性のインパクトを強め、生活者(消費者)は好奇心をくすぐられる**ようだ。

そこまで大きくないにしても、2003（H.15）年頃には長さが50cmほどもあるロングロールがブームになったことや、2006（H.18）年頃ネット販売でバケツプリンが大ヒットしたことがあった。当時、大いに市場を沸かせたものだ。**普通ではないサイズが「非日常を経験する」消費マインドを刺激**し、**パーティ需要**など新しい使い方提案につながったのだった。

思い出してみると、お祭りや縁日、観光地などにも、巨大菓子がある。１ｍくらいありそうな棒状の麩菓子とか、顔より大きそうなせんべいや大饅頭など、見ただけでも楽しくなってくるだろう。**巨大菓子は、お祭り騒ぎ、フェスティブ性に似合う**のがわかる。イベントものの商品開発には、有効な方法だ。

※前項「サプライズ…驚き・意外性」（P.127）参照

◆フェスティブ性
お祭り的、お祭り感覚。

サイズを変えてみる

昔から、**商品開発で壁に突き当たったら、今ある商品の大きさを変えてみるとヒントになる**…と言われてきた。常識的なサイズから、とてつもなく大きくしてしまったり、驚くほど小さくしてしまったりするのである。発想法としては単純に感じるが、想像する以上に驚きがあって、「目からウロコ」のインパクトがあるようだ。

ただし、**商品として発売する場合、サイズを変えただけだと、驚きによる爆発力はあっても、飽きられやすい傾向があるため、催事のように短期的な爆発力が欲しい時に限定するなど、使い方に注意**した方がいいだろう。

小さくして消費者のウォンツを掘り起こした例がある。羊羹を小さなサイコロ状に作り、いろいろな味のものを詰め合わせた商品が発売されたことがあった。これは、単純に小さくしたのでなく、**小さくすることで、「重い味を軽減」しただけにとどまらず、「いろいろな味を楽しむ」ことができ、現代の顧客の棹もの羊羹に対する不満を解消する**のが狙いであっただろう。**サイズを変えることで、新しい価値、新しい商品を生み出す**ことができるのだ。

また、既に**銘菓として定着している焼き菓子を、サイズダウンして、需要を拡大**した例もある。銘菓などが、伸び悩んだ時などの解決策のひとつとして、使えそうだ。

シュークリーム七変化バリエ

洋生菓子の世界では、サイズや形状変化で柔軟性のある商品開発ができるシュークリームがある。シュークリームを例に、サイズ・形状変化の効果を考えてみよう。

第二次オイルショック後の不況期の対策として、Ｌサイズシューが登場したのは、1980（S.55）年頃だっただろうか。レギュラーサイズより一回りか二回り大きく作られ、価格はレギュラー並に抑えてあり、ヒット商品となった。発売時のネーミングは「ジャンボシュー」だったと記憶している。

バブル経済下の好況期には、クリームがたっぷり入ったズッシリ重いリッチなシューがヒットし、バブルがはじけて不況に突入した1993（H.5）年頃には、Ｌサイズシューや低価格シューはもちろんのこと、５号サイズくらいのビッグシューや、長さが30cmあるジャンボエクレアが登場して話題になった。

こういった動きを追いかけてみると、**サイズは景気に連動する傾向もある**と言えよう。わかりやすい例だが、**不況になれば、サイズが大きいというお買い得感が求められることを伺わせて、興味深い**ものがある。もうひとつは、**消費意欲が減退した時に、意外性のあるサイズによって需要喚起する**例もあろう。店の性格にもよるだろうが、不況期に突入したら、考えてもいいことかもしれない。

ただし、ここにもひとつ注意すべき点があるだろう。Ｌサイズシューは大ヒットしたが、５号サイズビッグシューや30cmジャンボエクレアは、当時すぐにはヒットしなかったようである。**どの程度大きくするかは、購買意図や時代の空気を洞察しながら詰めて行く必要がありそう**だ。

次には、量り売りのプチシューが出てきた。**不況が長引き、余分な支出を抑えたくなってきた時、「必要なものを必要なだけ」というコンセプトが魅力的に光ってくる**のだろうか。**消費者心理の本音を上手に引き出す**ことが肝要だろう。

形を変える

シュークリームは、サイズだけでなく、形状の変化も、様々なものが考えられよう。

カップに入ったプチシューも、その小さな小さな可愛さで、人の心を強くひきつける。プロフィトロールのもっと小さくしたものをイメージしていただきたい。通常目にするサイズでなく、**予想を裏切るサイズに変えることで、商品の注目度や魅力度をアップし、カップを使うことで、カフェなどでも提供できるカジュアルさが表現**できるのだ。

シューを水平にカットして、クリームなどを絞り、フルーツ類をトッピングすると、タルトのようになるし、プチシューを串刺しにすると、だんごのようであり、スペイン料理のピンチョス（串料理）タイプのデザートにも見える。

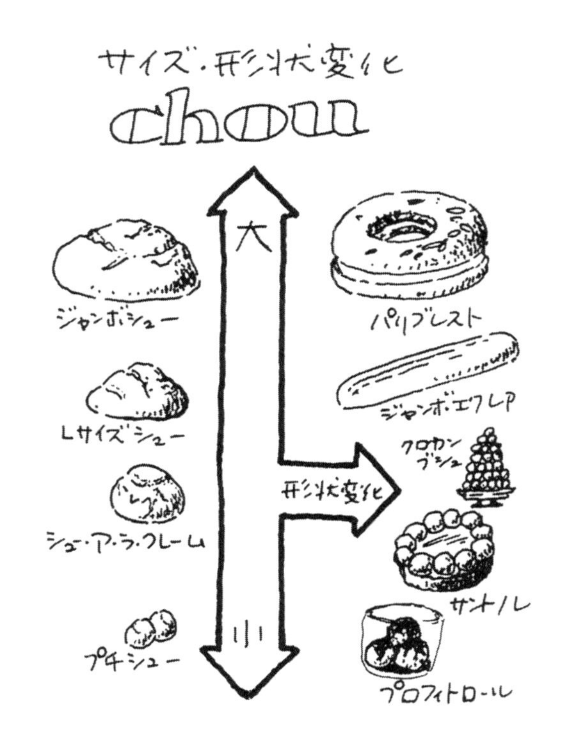

従来からあるものでは、リング状のシューであるパリブレストやプチシューをのせたサントノレ、ウェディングに使うクロカンブシュなどがあるが、これらをひとひねりすることで、新しい商品が生れることも考えられるだろう。

通常のものより背の高いケーキが人気になったことがあるが、これも形の変化による新しさの提案と言ってもよさそうだ。

サイズや形を、工夫することで違った価値や商品ができるということは、サイズや形をおろそかにすると、商品の魅力がなくなってしまう場合があり得るという反面も注意しなければならない。

例えば、可愛らしさを表現しようと考えていても、可愛らしさの感じられない大きさや形になってしまったら、ねらいはお客様に伝わらないだろうし、商品の魅力度は半減しかねない。また、ユーモラスな大きさを表現する場合に、中途半端であっては、そのおもしろさは伝わらないはずだ。どの程度にするか、お客さまや周囲の信頼できる人などの反応を聞くことも必要になってくるだろう。

発想ポイント サイズ、形状を変えて、新しい価値を創出する。

4 健康…体にやさしい

足すことと引くこと

嗜好品と健康

スイーツ……中でも洋菓子周辺の世界に、ヘルシーが持ち込まれた初期の頃は、低甘味、低カロリーだったように記憶している。その後野菜ケーキなど野菜モノが話題となり、ヘルシーに関する様々なトライアルがなされてきた。

初期には「ヘルシーなものは、あまりおいしくなく、話題にはなるがそれほど売れない」というイメージが強くあった。振り返ってみると、常に**「ヘルシー」と「おいしさ」とを両立させる努力が、続けられてきた**ように感じられる。主食と異なり、嗜好品である「スイーツに求められるもの」が何であるか、問われているのだろう。

しかし、近年では、生活者（消費者）の意識が、少しずつ変わってきていて、以前より**ヘルシーニーズは広範囲になっている**ようだ。**時代と共に変化するであろう「スイーツに求められるヘルシー」について、常に考える必要がある**ように思われる。永遠のテーマなのかもしれない。

タブレットスタイルのもの（錠菓）は、形状が薬に似ているせいか、「息スッキリ」「リフレッシュ」など、薬に近い健康食品的なイメージが強いようだ。広義のスイーツ類の中では、今後とも最も健康を意識した開発がされて行くように感じられる。

舐めるように食べることが似ているものに、「痰切り飴」「南天飴」など「のどにいい（のど飴）」と言われる飴類は昔からあり、薬に近い感覚で舐められてきた。近年では、夏場の塩分補給に「塩飴」「塩キャンディー」が舐められている。健康への切り口のひとつかもしれない。

スイーツそのものではないが、スイーツの技術が、健康食品市場に入り込んだものも出始め、新たな分野が生まれそうだ。飲みにくい錠剤やカプセルを飲み込みやすくするためのゼリーが、開発・販売されているのが知られている。こういった使われ方のスイーツや、スイーツの技術が広がる可能性もありそうだ。

苦くて飲みにくい薬を飲んだ後用として薬と一緒に売られた「ういろう」は、この使われ方に近い商品のように思われなくもない。

広い視野で、過去にとらわれることなく、新しい視点から、スイーツと健康のテーマを追いかける必要があるのだろう。

足すことと引くこと

「健康」を商品化する場合のアプローチには、二つの方向が考えられる。例えばカルシウムやビタミンなどの栄養素や、大豆やショウガなどの**体にいいものを付け加える方法**と、**体に良くないと言われるものを取り除く方法**との二つである。

P.138の図を見ていただきたい。**体にいいものを付け加えるのは、栄養素などを摂ることによって何かを防ぐ予防医学的な要素があり、体に良くないものを除くのは、何らかの症状を軽くする対症療法的な要素があるこ**とがわかる。また、**シニア対応に通ずるところがありそう**なところも、見えてくるだろう。

体にいいもの

「医食同源」という言葉がある。**医療も食も、人の命を養い健康を維持するためのもので、源は同じ**だという考え方であり、中国古来の言葉だ。これを「食」の側から考えると、体にいいものを摂取する（加える）ことによって健康を維持し、病気にならないよう予防して、命を養う…ということになるのだろう。近年、各種ポリフェ

◆錠菓

薬品の錠剤（タブレット）のような形状のスイーツ。健康食品に近い位置づけのもので、菓子に分類されるもの。

◆医食同源
（いしょくどうげん）

医療も食も、人の命を養い健康を維持するためのもので、源は同じだという中国古来の考え方。

【健康志向ムーブメント】

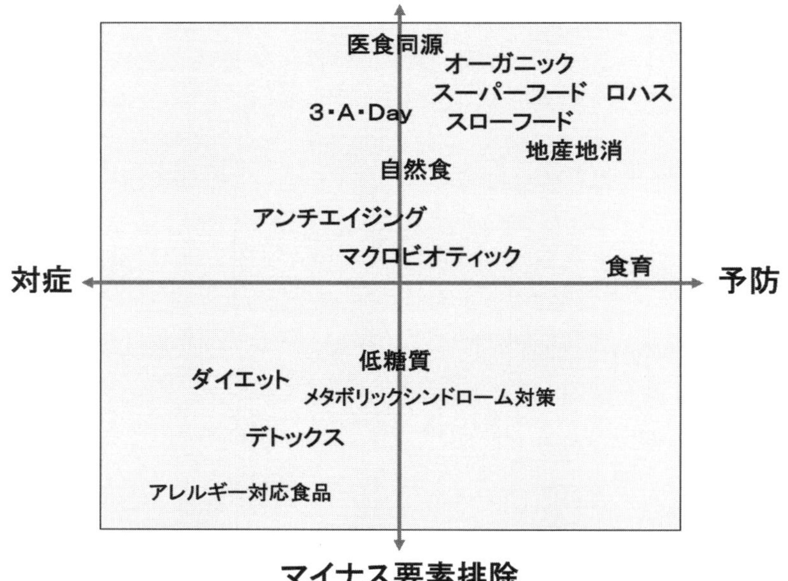

ノールを始め、リコピン、ゴマリグナン、カテキン等々、数えられないくらい食物由来の身体に良い成分が話題になっている。最近では、スーパーフードの人気もあり、関心は高まっているようだ。

主食と違ってスイーツ類は食べる量が少なく、回数は少ないのが一般的だ。体にいいものを使っていると言っても、摂取量は少ないだろう。薬ほど劇的な効果は難しいだろうが、長期的には好影響があるかもしれない。

薬事法の規定があり、効果があると言えないのだが、**精神的には安堵感につながって、広い意味でのプラスにつながりそう**である。効果を感じていただくような表現の工夫も必要かもしれないのだが、スーパーフードのように、ゴマ、ブルーベリー、トマト、りんご、寒天、抹茶など**体にいいものとして一般に知られているものや話題になっているものを使っていることを知らせて、ヘルシーを感じていただく**のも賢明な方法だろう。

「お菓子は心の栄養」というとらえかたからすると、癒し・和み等、精神的なプラスは大きいものがある上、何等か健康にプラスなものが加わるなら、心身に好影響を与えられるように感じる。**「体にやさしい」「人にやさしい」という言葉に集約される**かもしれない。

2015(H.27)年４月から、「**機能性表示食品**」の制度が始まった。企業が科学的根拠を示すことができれば、消費者庁への届け出によって、「○○に役立ちます」等の効果が表現できるものである。加工食品や生鮮食品も表示可能になるようであるし、許可制で無く届出制である等、トクホなどよりハードルが低くなるとのことだ。スイーツ類にも可能性があるかもしれないので、積極的に取り組みたい場合はよく調べていただきたい。

◆スーパーフード
一般的な食品より栄養価が高いものや、特定の栄養、健康成分を特別多く含む植物由来の食物。アサイー、チアシード、キヌア等がある。

◆アンチエイジング
「抗加齢」の意。高齢化時代に入り、いつまでも若々しくいたいという欲求から、若さを保つ食事などが求められるようになって生まれてきた傾向。

◆低糖質スイーツ
糖質が少ないか含まない素材や、吸収されにくい糖を用いたスイーツ。

◆ロカボ
ローカーボハイドレート low carbohydrateの略。カーボハイドレートは「炭水化物」で、「低炭水化物（糖質制限）」を意味する。ダイエットとして広まったもの。

取り除きたいもの

体に良くないものを排除する代表的な例として指摘されやすいものは、添加物類だろうか。全てを無添加にするのには無理があるようだが、技術の進化によって、ひと頃より添加物類は減少してきているように感じられる。

添加物以外でも、生活習慣病対策として、糖質、脂質、塩分などの低減化も進められている。この分野は、まだまだ歴史も浅いため、今後の発展性が感じられるところだろう。アンチエイジングにつながるものもでてくるかもしれない。近年話題になっている「低糖質スイーツ」「ロカボ」も同様なものである。

最近騒がれている「トランス脂肪酸」も、技術開発等によって、含有量は減少しているようだ。

取り除きたいものは、科学の進歩、時代の変化によって、対象が変わって行く可能性があるかもしれない。

【シニアスイーツ イメージ】

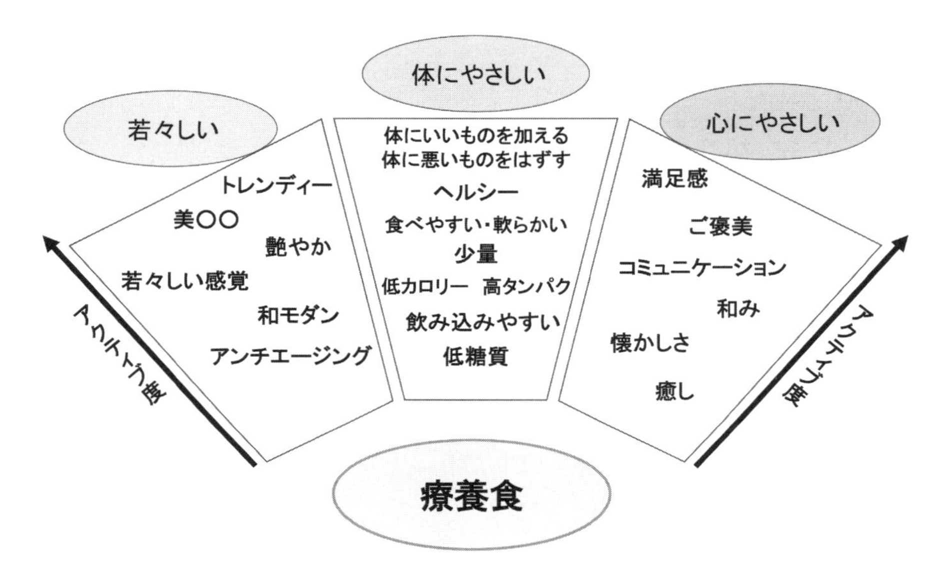

取り除きたいものの中で、今、難題にぶつかっているテーマは、アレルギー対策ではないだろうか。アレルギー対応のケーキを作ろうという動きが始まった頃は、アレルゲンとして把握されているものは少なかったのだが、新たにアレルゲンに加えられたり、その疑いが濃いものが増えたりするなど、かなりの範囲に広がっているようだ。

2015(H.27)年のクリスマスでは、コンビニ、スーパーなどで、「6～7アレルゲン不使用」をうたったものが増加、更にその後のひなまつりなど催事ものに広がりつつあるような傾向を示している。今のところ全てに対応できるスイーツは、難しいかもしれないが、主要なものへの対応には、努力されつつあるように感じられる。

安全性を考え、アレルギーを持った人の多様性を考えると、医師の処方に従った、オーダーメイドのスイーツが求められる時代がくるかもしれない。

◆アレルゲン（独 Allergen）
アレルギー症状を引き起こす原因となる物質。

シニアの望むもの

シニア市場については、P.71を読んでいただきたいが、健康についての関心度の高さは、相当なものがある。ただ、**シニアは、年相応の肉体的機能低下があっても、そう思いたくない、年寄りに見られたくないというこだわりが強い人が多い**のが特徴的だ。ここに、新しい切り口が見つけられる可能性があるだろうと思われる。

たとえば、**歯が弱くなっていても、ドロドロの幼児食のようなものは好きになれず、少しでも歯応えを楽しみたい欲求が強いことから、サクサクホロホロ食感のクッキー類に人気**が出てきたという事例などがそうだ。

また、**飲み込む力（嚥下力）が弱くなったからと言って、ドロドロの幼児食のようなものではなく、少しでも食感や風味を楽しみたいために、舌でつぶせる軟らかさで味わいのある、飲み込みやすいものを好んだりする**ようなのだ。

シニアの健康観は「体にやさしい」と言うことなのであろうし、**食べることの楽しみは失いたくない**というのが切なる願いなのだろう。

◆嚥下（えんげ）
飲み込むこと。

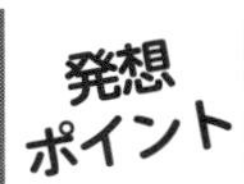

スイーツの健康のキーは、「体にやさしい」こと。

5 復活・復元・レトロ

歴史と今との新しい出会い

過去のヒット商品の復活

2011(H.23)年に、ある洋菓子チェーン店が、1990年代の商品10品をチラシやネットで告知し、「復刻投票キャンペーン」と銘打ち、「もう一度食べたいスイーツ」の人気投票をしたことがあった。投票総数は２万５千票に上り、そのベスト３のケーキを、期間限定で販売したのだ。2010年にはドーナツチェーンがドーナツを、2012年にはコンビニがロールケーキを、同様の消費者の投票、“総選挙”による復活型プロモーションが実施された。P.39に書いた「空席」と「復活・復刻」は似ているが、復活・復刻は、元来自分の店・企業で実際に販売していたものであることが、空席と違っている。

「復刻(版)」というのは、元来絶版になってしまった印刷物などを、全く同じ形で再出版することを指すが、ちょうど上記の頃、キャラメルなどお菓子類やカレーなど食品類の復活販売品が「復刻商品」と呼ばれ、市場を賑わせていた。ここには**「過去を懐かしむ」だけでなく、「失われたものを惜しむ」気持ち、「価値のあるものをもう一度世に出して欲しい」という気持ちが働いているる**のだろう。

こういったプロモーションを機会に、完全復活させることもできるのだが、スイーツの世界で完全復活させたケースは少ないらしく、直接的な商品開発にはあまり使われていないようである。プロモーションのみの場合が多いのか、あるいはプロモーションの結果によって復活させるか否か検討するといったテストマーケティングとしての利用を意識しているのだろうか。

スイーツ以外では、「忘れられないあの味」といったコンセプトで、ビールやコーラなど、商品名に「クラシック」をつけるなどして復活させ、人気となって定着した事例があったが、スイーツ類でも、伝統のある物を復活させたことが、いくつかあったように思う。

懐かしさだけでなく、かつて価値のあったものを再登場させ、現代との出会いによる新しい消費刺激を生み出すことをも、ねらっているのだろうか。

復活に近い開発として、近年和菓子店の主力商品である「カステラ」や「(和菓子店の)マドレーヌ[パン・ド・ジェーヌ]」「ブッセ」が、洋菓子店の「昔懐かしい」「和菓子屋さんの」といった名前を冠して販売される例が増えてきた。これも復活型、あるいはレトロの商品開発に入ってくるのではないだろうか。スイーツのジャンル毎の境界線は、以前より低くなってきているようだ

◆テストマーケティング
新商品の本格的な発売の前に、市場を限定して試験的に市場導入すること。より良い本格導入にするため、その反応を参考に修正することが目的。

◆2つのマドレーヌ
日本への伝わり方によって、日本には2種類のマドレーヌがある。
①丸形のソフトな洋菓子パン・ド・ジェーヌが、日本に欧風菓子マドレーヌとして伝わったもの。まだ洋菓子店がほとんど無い時代に伝わったため「和菓子店のマドレーヌ」と呼ばれることがある。
②貝形のリッチな配合の洋菓子。洋菓子店が増え、フランス菓子がたくさん紹介されるようになって伝わった本来のマドレーヌ。

史料・口伝などからの復元

洋菓子の世界で印象的な復元だったのは、「カヌレ・ド・ボルドー」だろう。昔、女子修道院で作られていたのだが、戦争によって失われてしまったものを、1790年、**残された古い書物の記述を元に復元**したのだった。その復元した製法が正しく伝えられることを願って組合を設立し、まがい物の出回るのを厳しくチェックしたことも良かったのだろう。今ではボルドーに欠かせない地域菓子になっていて、ホテルのフロントではプチカヌレが

自由に食べられるし、レストランでは必ずといっていいほどデザートにプチカヌレが登場する。地域ぐるみで、大切に育てている印象をうけた。カヌレのような**復元モノは、復元自体も無論大事だが、その後をどう展開し、どう育てていくかも、大切である**ことを示している。

日本でも、ヨーロッパなどへ出かけて行き、埋もれてしまっている地域菓子を発掘・復元して、日本に持ち帰るパティシエもいるようだ。また、昔の武将や茶人などが食べたと考えられるお菓子を復元することもあると聞いている。これらの復元には、残されている資料だけでなく、口伝えに伝承されたものや民話・伝説などが、具体化する上で役立つことがあるようだ。

2009（H.21）年頃から話題になった「半熟かすてら」も、復元の一種だろう。16世紀の室町時代末期にポルトガル人によって長崎に伝えられたカステラの祖形には諸説があるが、そのうちのひとつであるポルトガルの「パン・デ・ロー」が発売された。ポルトガルでは日常的に食べられる「パン・デ・ロー」も日本ではなじみがないため「かすてら」として売られたのだろう。食感の「半熟」が強調されているが、ネーミングが「かすてら」であるため、復元イメージを感じさせている。

歴史というドラマを背景にした商品は、登場しただけで、大きなインパクトを持ち、話題性が豊富であるのが普通だろう。その意味では申し分ないのだが、復元だからこその問題点もありそうだ。味覚と嗜好の変化である。

古い時代には支持された味であっても、現代人に受け入れられる味であるかどうかは、微妙な問題だ。話題性があり、注目度が高くても、味が好まれな

【復活・復元・レトロ 対比】

	復活・復刻	復元	レトロ
コンセプト	かつて自店・自社が 販売していた 人気商品、ヒット商品等を 再発売するもの	現在はなくなってしまった 幻の食品等を 各種史料、口伝を基に 再現するもの	歴史を振り返り 特定した時代の文化、 時代の気分等を 利用して その雰囲気・イメージを 再現するもの
事例	発売時商品の復刻 　配合、製法、デザイン等 昔のヒット商品の復活	カヌレ・ド・ボルドー 半熟かすてら 利休が食べたふの焼き	文明開化期イメージ 大正ロマン 昭和30年代イメージ 江戸もの

いのでは、１回限りの購入になってしまう。催事のようなものなら、話題性が主眼であるからいいのだが、日常的に販売する場合は大きな欠点になるだろう。基本を崩さない程度の、味の改良が必要になってくるかもしれない。

近年、**地域おこしの活発化によって、復元は注目度が高まっている**開発手法のひとつになり、お菓子だけでなく、食全般にわたって増加しているように見受けられる。**現代人の味覚との違いにぶつかって、味の改良を迫られることが多いと推測されるが、あくまで基本は崩さず、史実に反しない程度にするべきだろうし、変えた点はきちんと消費者に伝えるべき**であろう。

縄文時代は、ドングリの粉で、クッキー風のものが作られていたようだが、東日本の何カ所かで「ドングリクッキー」が販売されている。これも復元型だが「縄文クッキー」と言わず「ドングリクッキー」といったネーミングで、食べやすいように工夫されているようだ。

レトロ調

復活、復元と似たような開発に、レトロ(復古、懐古)がある。復活、復元が、かつての商品と全く同じものの再現であるのに対して、レトロは全く同じものの再現でなくてもいいところが、違う面だろう。古さを感じさせるもの、ノスタルジックなものであればいいのである。その意味では、復活、復元よりもレトロの方が幅は広くなるだろう。昔実際にあったものでなくても、その商品の持っている雰囲気が、「古き時代」のイメージを表現できていればいいということになるのだ。

つまり**復活・復刻、復元よりもレトロの方が、商品開発の自由度は大きく**なる。ただし、**復刻のような実際に**

◆史料
歴史を認識するための、文献・遺物・遺跡・図像・口頭伝承など。

◆口伝(くでん)
口で伝えること。

あったものだけが持つインパクトの強さは、持ちにくい傾向になりやすいだろうが、これも復活タイプの商品開発のひとつだろう。

レトロが復古・懐古であることからも、前向きのイメージではないことがわかるとおり、景気の後退期に現れやすい特徴を持っている。前向きの取り上げ方の例には、**土産市場にフィットしやすいことと、地域おこしにリンクしやすいこと**が挙げられるだろう。

また、日本の歴史上、ある種**独特な文化を形成した時代に想を得、今風に焼き直して新しい価値観を創り出し**、かつて一世を風靡したことがあった。「明治」「江戸」「鎌倉」「安土・桃山」時代モノなどがそれに当たる。レトロだけではないものも含まれ、単なる復活や復元でもない場合もあるが、大きなムーブメントに発展する可能性を秘めた広義の「復元タイプ」と言えるだろう。

復活・復刻、復元、レトロとも、ここに例として挙げたもの以外にも、まだ新たな可能性があるように思われる。

発想ポイント	かつて価値のあったものを再登場させ、現代との出会いによる新しい消費刺激を生み出す。

6 食文化と地域特性

「小京都」と「小江戸」…地域食の根強さ

食文化の地域差

香川県の雑煮には、あん入りの丸餅が入っている。他県から見ると、意外であっても、ご当地では至極当たり前のことであり、子供の頃からあん入り丸餅の雑煮を食べている香川県人と、あん無しの餅入り雑煮を食べている他県の人とでは、雑煮に関してのおいしさの基準は、違っているのではないだろうか。

テレビ番組等で時々紹介されるが、北海道と東北の一部では、赤飯に甘納豆を使っているとのことである。意外だと思われる人も多いだろうが、中には、やってみると案外いいのではないかと思った人もいるかもしれない。これも、甘くない普通の赤飯を食べている人と、甘納豆入りの甘い赤飯を食べている人とでは、赤飯のイメージがかなり違うはずで、甘味への許容度も違ってきそうな気がする。

聞くところによると、上記の地域以外でも、一時期甘納豆入りの赤飯が好まれたことはあったようだが、地域全体に定着するまでにはならなかったと聞いている。流行などによるゆれも起こるが、地域性の方が根強かったのだろうか。

さほど広くもない日本なのだが、地域によって食文化がかなり違っているのが感じられるだろう。温度や湿度等が嗜好に与える影響はよく知られているが、食文化が違えば、食習慣、味覚、嗜好傾向などに影響することも大きく、価値観も違ってくることは想像に難くない。この**食文化の違いをどうとらえ、どう活かすか、また広域対応の場合どう平準化するかは、商品開発にとって重要なテーマになる**のではないだろうか。

一般的に、**単独店は、広域展開店・企業対策として、地元密着を志向するだろうから、地域の食文化に応えようとする**はずである。また、**広域展開店・企業は、地域の嗜好を平準化し、時代のトレンドに合ったような商品を主力としつつ、地元密着タイプを何割か投入しようとする**かもしれない。

広域展開する企業も、ものによって地域対応を工夫している部分がある。スイーツではないのだが、コンビニ大手３社のおでんは、つゆや具材等、全国を８地区くらいに分けた味付けになっている。あるコンビニの一部のスイーツは、全国をいくつかの地域に分けて販売したこともあった。

広域展開する企業が地域対応を考える時、**地域区分をどう設定するか、変えてもいいものと、変えてはいけないものとをどう線引きするか**が、大切になってきそうだ。

※流通業大手は、2014（H.26）年頃から、「新しい地域密着」に舵を切った。人口減少が引き金で、市場深耕が必要になってきたのだろう。スイーツの世界にも、変化が起きている。

２つの文化圏

前段で記したように、様々な食文化があり、それらが北前船、各地にある○○街道の往来などのように伝わり影響しあって、現代につながっている。

また、京文化、江戸文化の例をみると、地域に点在する小京都、小江戸の呼称でもわかるように、地域への強い影響力が感じられる。それらは、地域性によって変化しつつ広域化しているものもあるのと同時に、時代の変化に連れて次第に薄らいで来ているものもあるかもしれない。

『日本人の味覚』で、詳細に追求された近藤弘氏の説や、『食味往来　たべものの道』などの河野友美氏の説、民俗学、歴史等の研究を参考に、新しい時代の流れの影響を加味しつつ考えてみていただきたい。

様々な時代を乗り越えて、今でもまだ強く意識させられる文化圏がある。それは、関東と関西を核とする東日本文化圏と西日本文化圏だろう。その２つに全てがまとまってしまうのではなく、東西それぞれの傾向があって、その中に含まれてはいるが、地域によって少しずつ独自性も持っている…ということになってきているように感じられる。

なぜ文化圏が二つになったのか、歴史的な**原因のひとつは、長らく政治・経済の中心になっていた都市が、双方にあったこと**をはずしては考えられないだろう。

また、**もうひとつの要因は、植物の分布と関係があった**ことも考えられそうだ。

東日本は葉の広い落葉樹が多い「落葉広葉樹林帯」で、西日本は葉の広い常

緑樹が多い「常緑広葉樹林（照葉樹林）帯」になっている。樹木が異なれば、果実も違ってくるし、自生する草などの植物も違い、そこに集まる動物・昆虫も違ってくることが考えられよう。それらをとって食べるための作り方や食べ方も、必然的に違ってくるはずである。

東日本は縄文文化圏、西日本は弥生文化圏とされる分け方も、樹林帯と符合してくる。この研究も進んでいて、以前とは違った解釈もされているようだ。

更に、樹林帯の異なる北海道と沖縄は、独自な文化圏を形成している。特に沖縄は、亜熱帯系であることと、大陸文化の影響等もあって、独自性の強いものになっているのは周知のとおりだ。

将来的には、**地球温暖化の影響がどの程度あるかによって、樹林・産物が変わり、嗜好も変わって行くことになる可能性も出てきた**。諸説があるようだが、極端な場合を想定すると、亜熱帯化する地域が増えるかもしれないのだ。変化に敏感になる必要があるだろう。

◆北前船
江戸時代、蝦夷地、東北、北陸など北国の物資を西国に、西国の物資を北国に運送した北国廻船。

◆小京都
（しょうきょうと）
京都に似た風情のある町。かつて京都を理想とし、京文化を取り入れて造られた町。

◆小江戸（こえど）
江戸（現・東京）に似た面影のある町。江戸をお手本とし、江戸文化を取り入れて造られた町。

【2つの食文化圏】

	西日本・関西圏	東日本・関東圏
桜餅	道明寺桜餅	長命寺桜餅
米菓	おかき	せんべい
せんべい	小麦粉せんべい	うるち米粉せんべい（塩せんべい）小麦粉せんべい
雑煮の餅	丸餅	角餅
麺類	うどん	そば
だし	昆布、ジャコだし	カツオだし
めんつゆ	薄口醤油	濃い口醤油
肉	牛肉	豚肉
日本酒	甘口系	辛口系
調味	塩	醤油
味噌	白味噌系	赤味噌系

境界エリア

東日本と西日本文化圏の境界には、諸説がある。注目したものによって、ラインがはっきりしなかったり、入り組んでいたりするため、固定したラインを設定できないからだろう。

前ページの図に示した富山～名古屋ラインは、畳の江戸間と京間の中間サイズの「中京間」の地域でとらえたものである。生活感、意識の差が生まれる原点かもしれないので、ここをクロスオーバーゾーンと仮定してみた。

およそ、このエリアに、東西の様々な物が混在すると言われている。こういった意味でも、名古屋…中京エリアの存在は、特異な位置づけになり、興味深いものがある。

文化圏と都市の特性

一般的に、文化圏の特性が全てではないことにも触れたが、例えば、札幌と福岡は、それぞれの文化圏の中にありながら、地元客はやや東京志向型のものを支持するように感じられよう。

共通項は、本州と地続きでなく、それぞれのエリア№１の都市であり、支店経済都市であることなどだろうか。これらの条件から、エリアの中での「東京的な匂い」…時代に敏感であることを求められているのが背景かもしれない。

ところが、観光的ニーズは、これとは全く逆な傾向が望まれているように感じられる。土産等のニーズやウォンツを考えると、地域特性が、色濃く反映されている物ほど人気が出やすいのは当然かもしれない。この場面では、より強いご当地カラーが望まれるはずである。

「菓子は文化」と言われるとおり、**文化の匂いは想像以上に大きく影響している**ようだ。どんな商品を開発するかで変わってくるだろうが、土産類のニーズやウォンツを考えると、**商品そのものだけでなく、ネーミングを始めパッケージデザインなど、演出面での工夫も大切**になってくる。

発想ポイント

地域特性は、商品の個性に結びつくと、強さを発揮する。

7 地域財の発掘

他地域から見た価値を再発見する

地域の顔、地域文化

夏に仙台を訪れると、枝豆をゆでてすりつぶしたものをまぶした美しい薄緑色の「ずんだ餅」の、懐かしい味に出会えるだろう。金沢に旅すれば、生姜の味もさわやかな「柴舟」が楽しめるし、浅草には下町情緒豊かな「人形焼き」があり、名古屋には「ういろう」、岐阜には「柿羊羹」「水まんじゅう」がある。京都の「干菓子」など京菓子はもちろんのこと、鹿児島の「かるかん」、沖縄の「ちんすこう」等々、各地には数えきれないほどのさまざまな菓子等のスイーツ類がある。

地域の名物菓子や郷土菓子・甘味類を思い出してみただけでも、全国には実に様々な菓子類があることがわかる。その上に、各地の名声店などの伝統銘菓や、近年の名物・話題菓子等を加えると、もっと豊かなバリエーションになって行くことだろう。

多種多様な菓子・甘味類を眺めてみると、**菓子などのスイーツ類は地域の顔であり、地域の文化である**のがわかってくる。地域の嗜好の違いや雰囲気、そこに住む人々の暮らし振りまでもが見えてくるような感じがしてくるだろう。

地域おこし

1979 (S.54) 年、九州に始まった**「一村一品運動」**の考え方は、大きな反響を呼び、全国に広まって行った。そして、この流れは、村おこし町おこし、地域おこし運動へと拡がり、地域の期待を担って、次第に盛んになって行ったのだ。

一村一品的地域おこしは、開発が比較的身近な食品類を中心に、たくさん

の地域商品が生まれた。ところが、折角商品が開発されても、販売チャネルの開拓が思うように進まなかったためか、消えて行ったものも多かったようだ。

この経験から、**生産と販売の両方の機能を持った業態への関心が高まり、菓子業や外食業への期待が大きくなって行った**のではないだろうか。製販一体型の業態は非効率と考えられた時期もあったし、通常はあまり意識されていないようだが、菓子類が持っている大きな可能性とも言えるだろう。

菓子業界自体は、バブル崩壊以後、幾多の経済的打撃を経験し、**原点とも言うべき地域密着の大切さが再認識されているだけでなく、地域経済を地域住民一体となって盛り上げて行こうという意識が強まり始めている**ように感じられる。地域の経済力が落ちれば、そこを基盤に営業する菓子などのスイーツ店も売上が落ち込むのであるから、自店の問題としてだけでなく、**地域おこしに積極的に関わろうとする菓子店・企業等が増加してきている**のだ。

◆一村一品運動
1979(S.54)年、大分県知事平松森彦氏が、「一村一品」の特産物を作ることで地域活性化を図ることを提唱したことから始まった。村おこし、町おこし、地域おこしにつながる運動。

◆道の駅
自治体と道路管理者が連携して設置し、国土交通省により登録された駐車場、休憩施設、地域振興施設が一体になったもの。1993(H.5)年に始まる。同じような施設として、産直販売所等、物産市場感覚の多様な商業施設がある。

地域産業の振興

地域の産物を使用した初期の目的は、「土産」「手土産」「ギフト」の意識だろう。その土地特有の産物を使って商品化するのは、菓子・甘味類の原点であるとも言えそうだ。

次に現れた地域産品利用法は、**個店や地域のチェーンなどが、広域チェーンに対抗するための個性表現や地域密着表現**としてのものだった。広域チェーンの狙いが「量」にあるため、客層が狭められやすい際立った個性や、地域対応のようなきめ細かさは、あまり求めていなかったからだと考えられる。

後には、市場変化に対応するためか、広域チェーンや流通量販菓子などでも、土産、地域密着対応として使い始めてきた。

スナック菓子やチョコレート菓子の地域限定商品は、原材料に地域産品を使うなど地域の人にも好感度を持って迎えられ、地域のブーム現象になるほど売れた菓子も生まれたようだ。そればかりか、従来、土産に流通量販菓子はなじまないという思い込みをよそに、土産としても人気になり、大きな話題にもなった。

また、大手流通店のカップデザートなどにも、地域限定モノが、販売される場合が出てきた。当時は、大きな話題になるほどでもなかったようだが、これからもトライアルは続くように思われる。

その後菓子業界では、次第に、**地域の農業などの産業振興に役立ちたい…という意識が強くなっていった**ように感じられる。最初は、地域の商工会などから、「地産地消から地産他消への広がり」を受けて、「地域おこしの一環で、地元産のそばを使った菓子を開発して欲しい」と言った要望や、異業種交流会で「地ワインと地ワイン使用の菓子とセットのギフト開発」と言うようなテーマを投げかけられて参画する機会が増えたのがきっかけかもしれない。そして、次第に、「モンブランに使う質の良い栗を栽培して欲しい」とか、「草餅に使うよもぎを作ってくれないか」「菓子に使いやすい糖度の高いトマトを栽培して欲しい」などの農業振興を視野に入れた農作物栽培への要請を出すなど、食材開発にまで及ぶような関わりが深まると共に積極化しているようである。

その後阪神・淡路や東日本の大震災を経験したことで、地域振興の意識は一層強まってきている。

地域資源活用

各地の菓子店を訪ねてみると、「地域性を活かしたものづくりの大切さはわかるけれど、このへんには、何も無いんです。特産物は何も無いし、観光地も、歴史的にも特別なものは何にも無いんです」と言う意見を聞くことが想像している以上に多い。しかし、地域おこしの成功例の中には、地元の人にとって特別意識されないごく当たり前のものであっても、他県の人にとっては、興味津津である場合が案外多いことがわかってきているので、あきらめずに根気よく探すべきだろう。

九州のある町では、改築・改装もせずに古びてしまった町を、合板などで修理したものは昔からの建物に戻し、古いままの店を活かして、古い自転車や古い軽三輪トラックを街中走らせ、「昭和の街」として再生したところ、大人気になったという実例があった。土産物なども当然「昭和」に彩られたものが人気になっているようだ。**意外なところに地域資源（地域財）が眠っているかもしれないのだ。**

下の「地域財」の表を見ていただきたい。

カテゴリー別に、右の項目に該当しそうなものを拾い出してみよう。その

【地域材】

カテゴリー	内容
食文化	特徴的な食の傾向、郷土菓子、地域食
特産物	農・水産業などの産物、加工食品、名産品
文化　民俗・芸能 方言等 芸術	地域の祭、神事、民謡、おどり、民話・伝説、行事、風習 方言、地域のことわざ 文芸＝小説、随筆、詩、俳句、短歌等 造形＝絵画、彫刻、書道、陶芸、工芸、民芸等 音楽、演劇、建造物　他
歴史	遺跡、史跡、史話、偉人、著名人
風土　地理 気候	名所　山、川、湖、滝、高原、海、島、岬などの自然 特徴的な自然現象、地域の季節特性、気象特性
県民性	県民性、県民性たとえ話、慣習、歴史的要因
地域おこし等	地域おこし(B級グルメ、ゆるキャラ等)、新規事業

時に、**「他県の人が見たら、興味を持つ可能性がある」**という視点でも、**根気よく探し**ていただきたい。実際に他県の人の意見を聞くことも参考になるだろう。きっと何かが見つかるはずである。

アンテナショップを利用することも考えられる。**自地域（ターゲット地域）のアンテナショップや道の駅などの売れ行きを調べたり、他地域の人達の反応を聞いたりする**ことも、ヒントになるだろう。また、他地域のアンテナショップや土産品売り場、道の駅なども参考になるかもしれない。

発想ポイント

地域の魅力は、他地域からの視点で、発見できる。

第5章

商品の性格・位置づけ

1 商品の設計

消費者の本音にせまる

アイデアメモ

商品開発にとって、最初の思い付きは、想像以上に大切である。重要度に気付かなかった新しい可能性の切り口が潜んでいたり、行き詰った時の問題解決の糸口が見つかったり、開発しようとしているものとは違った商品の芽が隠れていたりする場合があるからだ。

商品化を進めるにしたがって、様々な制約条件が出てくるのが普通である。何の問題もなく、すんなり発売にこぎつけられる商品は、まず無いと言っていい。難問に阻まれてあきらめ、最初のアイデアが痩せて行って、どこにでもある魅力の無い商品になってしまう場合も多々あるのが現実だ。

制約条件をすぐ受け入れるのでなく、何らかの工夫を重ねることで、いくつものハードルを乗り越えられる場合があることを忘れないでいただきたい。この**ハードルを乗り越えることができた商品は、生命力のある強い商品に育つことが多い**ようだ。

最初の思い付きは、問題解決の手掛かりになる可能性があるかもしれないので、**写真、言葉など、形式にこだわらずフリーにメモ**しておくべきだろう。メモが苦手なら、**録音でもいい**ので、**制約条件を気にすることなく、思いついたこと全てを記録しておく**ことをお勧めしたい。捨てずにとっておいた殴り書きの最初のメモに救われたことを、何度か経験しているからだ。

コンセプトシート

最初のアイデアを、商品化するためには、その**アイデアの可能性や魅力度を検証しながら、発想を整理し、より価値の高い商品になるよう、磨きをかける必要がある**だろう。その**商品化案を練るためのツールとしてコンセプト**

シート（下の例を参照）を利用する方法がある。

コンセプトシートは、生菓子類よりも、ギフト等焼き菓子類、量産タイプの菓子類の方が合っているかもしれない。開発する商品の種類によっては、全項目をうめる必要はないので、使い方は工夫して欲しい。コンセプトシートを作ることが大切なのではなく、**コンセプトシートを使って、どんな商品を開発するか全体像を把握し、何が最も大切かを明確にする**ことが、本来の目的だからだ。

コンセプトシートの記入上の留意点は、次の通り。

①ネーミング

コンセプトを表現できるほうがいい

特に、売り場スペースが狭く、内容説明がつけにくい場合は、ネーミングが大きな力を発揮することを意識したい

商標取得を検討したい

【コンセプトシート】

<table>
<tr><td>ネーミング（仮称）</td><td rowspan="5">商品の特徴・・・素材、製法、風味、食感、イメージ等</td></tr>
<tr><td>主要客層とニーズ＆ウォンツ、ベネフィット（恩恵）</td></tr>
<tr><td>販売場所</td></tr>
<tr><td>想定価格</td></tr>
<tr><td rowspan="2">図解・・・形状、サイズ、パッケージング等</td></tr>
<tr><td>キャッチフレーズ（最もアピールしたいところ）</td></tr>
</table>

②主要客層とニーズ＆ウォンツ、ベネフィット（恩恵）

中心になるお客様像

買っていただくお客様を想像する

お客様のニーズ（必要性）、ウォンツ（欲求）、ベネフィット（恩恵）

お客様が求めている食べ方、使い方

③販売場所

売り場のある場所、お菓子が売られる場所

（バーチャルもリアルも含む）

④想定価格

市場における同種商品の価格と比較し、検討したい

⑤図解

商品そのものの形や大きさ、断面、

パッケージ、包材等、

図で表現できるもの

⑥商品の特徴

特別な素材や製法のこだわり

味や食感の特徴、ねらったイメージ等

⑦キャッチフレーズ（キャッチコピー）

この商品の一番のウリ、最もアピールしたいところを、短い言葉でわかりやすく

コンセプトシートを記入しながら、これでいいかどうか、検証していただきたい。

コンセプトシートの形式には、いろいろあるので、使いやすいと思われるものを使うことをお奨めする。

◆コンセプト

該当する商品の特徴と消費者受益点で、他の商品との差別化ポイント、又は考え方。意図。構想。

◆ベネフィット

該当する商品を使用することで得られる恩恵、利便性、満足感。

課題が先にある開発

アイデア先行の開発と違って、課題が先に提示される場合の開発は、また別なアプローチが必要だろう。たとえば、地域おこしのために地域特産品を使ったスイーツの開発を依頼された場合や、自店のギフトをもっと強くするための商品開発の場合などである。

こういった**課題先行の時は、コンセプトシートを使うことで、問題点を整理しやすくなり、課題からの逸脱を防いでくれる**だろう。常にコンセプトシートと照らし合わせながら開発することで、目的に合った商品開発ができるはずだ。

ここでの注意点は、いくつかあるが、特に菓子専門店の方にとってイメージしにくいのは、「販売場所」かもしれない。自店以外の売り場で販売する場合、商品が手厚く保護されず、あまり演出されていない売り場などもあり、菓子専門店との差は想像以上のものがあるはずだ。一見、さほど違いがないように感じられる場合でも、売り場の陳列場所、陳列への配慮、商品の扱い方、明るさ、お持ち帰り用のパッケージ・バッグ類、接客等々、何度か実際に自分で買ってみると、実感が持てるだろう。**売り場によって専門店とは別な配慮や、商品への依存が高くなって行く**ことになるかもしれない。商品開発に着手する前に、何度も売り場を見るべきだろう。

消費者の本音を見抜く（インサイト）

もうひとつ大切なことは、消費者（生活者）のニーズとウォンツの徹底的な把握だろう。

商品開発に積極的なオーナーパティシエの方や、企業内で長年商品開発を担当している方にお会いする機会がたくさんあったが、印象的だったのは、**自店のお客様をよく知っている方の成功例が多い**ことだった。店に出てお客様とお話しする方、いつもお客様のことを気にしている方のほうが、無意識的ではあっても、日頃からお客様の「望み」をご存知なのかもしれない。

「消費者インサイト」という観点がある。**「インサイト」は「見抜く」という意味**だ。つまり、「消費者（生活者）は、何を欲しいと思っているか、なぜそう思うのか」など、「**消費者の本音を見抜いて、それに対応すれば、成功する**（売れる）」という考え方である。そのために、お客様とお話し（インタビュー）し、アンケートなどの調査を実施、ソーシャルメディア（フェイスブック、ツイッターなど）を覗き、話題のビッグデータ分析を参考にして、「**消費者心理を読む**」のである。お金をかけなくても、自店のお客様との会話や、公開されている調査などで、推察することは不可能ではないだろう。

「消費者インサイト」がしっかりできていれば、商品開発の方向性が見えてくるはずである。

発想ポイント **商品を設計する場合、対象顧客の本音をとらえることが肝要である。**

2 商品構成は競争力のベース

骨格作り

人口減少・市場縮小への対応

2012 (H.24) 年４月に発表された推計人口によると、11年10月時点、総人口は１年間で25万９千人の減少、1950 (S.25) 年以降の統計で最大の減少数だった。2005 (H.17) 年に戦後初の人口減となって以来、日本は人口減少社会になってきている。

人口が減少して行くということは、購買力が低下して行くことを意味し、市場規模は縮小して行くことになる。つまり、規模の上では、「小商圏」に近づいているのと同じだ。

小商圏対応業態の典型は、一般的に半径５００mが商圏だと言われているコンビニエンスストアだろうか。そのコンビニが、なぜ小商圏でも経営が成り立つかは、既に指摘されているとおり、１日に**何度も行きたくなる品揃え**にあるようだ。

例えば、朝はパンと牛乳か、おにぎりと味噌汁で、昼は弁当、麺類かサンドイッチに飲み物、夕方はデザートや間食もの、夜は酒類とつまみや、惣菜類とご飯等々、基本的な飲食物等は一通り揃っている。それに日用品、文具類、雑誌、宅配、各種振り込みや銀行機能に至るまで、生活に必要な基本的商品やサービスがたくさん揃っているのだ。１日に何度も行きたくなる、利便性と魅力のある品揃え…「商品構成」を持っていることに、大きな強みがあるように思われる。

商圏内の人口が減少して行く状況の中では、同じお客

◆商品構成
想定した市場で販売される商品（品揃え）をリストアップし、用途など商品の性格によって分類するもの。又は、想定した市場における顧客のニーズ（必要性）、ウォンツ（欲求）によって商品を推定、用途など商品の性格によって分類するもの。これを基に不足しているものや不十分なものを見つけ出すことで、開発の手がかりができる。

様に何回も来店していただき、何回もお買い上げいただくこと…**「延べ客数の増加」**が大切だ。そのために、**多様なニーズ（必要性）やウォンツ（欲求）に対応できる商品構成がキーポイント**になるだろう。それを実現するためには、**生活者心理の洞察が大切**になってくるのである。

お菓子の食べ方・使い方

お菓子は、癒しや和み効果を期待して食べる他、コミュニケーションのために食べたり、お使い物にしたりすることが知られている。ニーズ、ウォンツやベネフィット（恩恵）を整理してみると、下の図のようになるだろう。図を見ると、コミュニケーションや絆のために使われることが多いのに驚く。**「心の糧」**だからなのだろうか。

下の図から、**生活者心理を汲み取りながら、どういった菓子が生活者（消費者）から求められているのか確認**し、店や自分の持っている商品群に対応できていない部分があるかどうかをチェックしてみていただきたい。もし、該

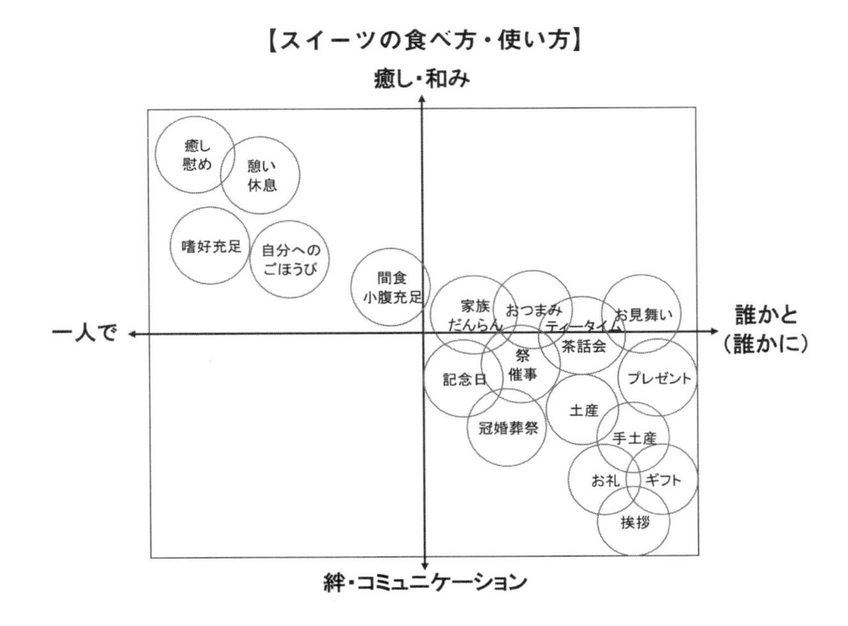

当する商品が無く、生活者の望みに応えきれていないとすれば、そのニーズ、ウォンツに合わせて商品開発したほうがいいだろう。**お客様にとって「欲しい物がいつ行ってもそろっている便利な店」であることは、とても大切な要素**だ。好感度はアップし、**「自分（お客様・消費者）の気持ちをよく分かってくれている大切な店」**というファン意識に転換するきっかけになりやすいからである。

商品構成は競争力のベース

商品構成の図（P.167）を見ていただきたい。前ページの「スイーツの食べ方・使い方」マップは、生活者のニーズ、ウォンツやベネフィットをとらえたものだが、これはそのニーズやウォンツを反映させ、**商品の性格・機能を位置づけした洋菓子店の一般的な商品構成**だ。

つまり、**商品構成を作ることは、どんな性格の、どんな商品を、どのくらい持つかという商品の選定基準と基本枠を定めることになり、店や企業の個性と競争力を決定づける骨格の構築ということになる。**

商品構成の基準と基本枠をはっきり決めれば、管理ポイントが明確になり、時代が変化しても、顧客の欲求を受けとめながら、何をどう変化させるべきかがわかりやすくなるはずである。

商品構成の図は、上部が小型ケーキ（プチガトー）、下部が大型ケーキ（グランガトー）や詰め合わせ、点線より右はスペシャル、プレミアム商品で、各分類の意味・基準等は後述の通りだ。また、縦軸の**左側は集客商品で、右側は利益筋商品**になっている。ここでは洋菓子の商品構成を例として挙げているが、和菓子もほぼ同様な構成が考えられるので、後述のアイテム説明を参考に、作成してみていただきたい。また、和洋菓子以外の業態の商品構成も、構成例と比較しながら作成してみると、さまざまなことが見えてくるのではないだろうか。

1.**マグネットアイテム**

顧客を引き付ける**マグネット（磁石）になる集客のための商品**。シュークリーム、エクレア、コルネ、カスタードケーキ、プチスフレチーズ等。

顧客の満足ポイントは「**お買い得**」にあるため、**工数を下げて工賃をかけず、原材料はいいものを使用して、「安いのにこんなにおいしい」を実現する**商品。デイリーユース（日常使い）に適する。

洋菓子商品構成比の目安はプチガトーの10％程度。

和菓子では、「朝生」がこれにあたる。

2.**コアアイテム**

プチガトーの**コア（核・中心）となる基幹・主力商品群**。**定番**。ストロベリーショートケーキ、チーズケーキ類、チョコレートケーキ類、モンブラン等や、店のオリジナル商品など。

洋菓子構成比の目安はプチガトーの40～50％。

和菓子の場合、店によって異なるだろうが、大福や饅頭類、地域の人気商品、主力商品群などが、これになりそうだ。

3.**バラエティアイテム**

コアアイテムが店の不変の技術力や味を表現するのに対して、バラエティアイテムは、**「飽き」を防止するための変化がキーになる商品群。季節・催事商品**。

洋菓子構成比の目安はプチガトーの30～40％。

和菓子の場合、「朝生」や地域催事商品がこれを兼ねていると考えられる。

4.**トピックアイテム**

話題性の強い商品やブーム商品。顧客の購買心理を刺激する商品。

洋菓子構成比の目安はプチガトーの10%くらい。

和菓子も同様に、ブーム商品、話題商品がトピックアイテムになる。

5.**スペシャリテ**

他店には、簡単にまねのできない独自性が強い商品。

和菓子も、看板商品や、独自性の強い商品がこれにあたる。

6.**ライトギフト(カジュアルギフト)**

気軽な贈り物、手土産。マグネットアイテムと同様な**集客商品**であり、**「お買い得」感がありながら、安物になってしまわないことが大切。**ロールケーキ、ボックスケーキなど。また、マグネットアイテムの箱詰めが、ライトギフトとして使われることもある。

和菓子の場合、定番品の詰合せや蒸し羊羹等になるかもしれない。

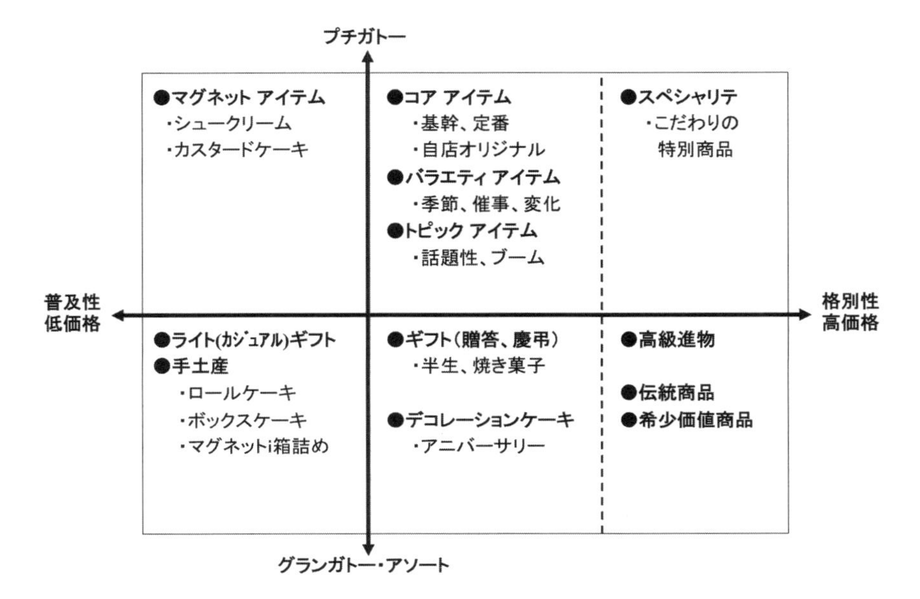

商品構成の図を基に、商品を分析してみると、現状の弱点や改善点が見えてくるはずであるし、商品の改廃や、新規導入についての判断もしやすくなるはずだ。

市場・業態と商品構成

対象市場や業態が変われば、商品構成も変わる。わかりやすい例をあげると、菓子店と外食店のデザートでは構成が異なるし、同じデザートでも、外食店とデザート専門店とでは違ってくるだろう。菓子店とコンビニも、違ってくる。他の市場、業態の場合は、洋菓子の構成を参考に、市場・業態特性、顧客ニーズ、ウォンツと、商品を照らし合わせて、商品構成を作ってみていただきたい。

商品構成を作成して、そこに商品を当てはめてみると、どこの商品群が強みか、何が不足していて弱みになっているか、現状が分析できるはずだ。そこから、何をどうすべきか、商品政策・戦略の糸口が見え、商品開発の方向性が見えてくるのではないだろうか。

量販系の流通菓子のように卸を主体とする場合は、一般的な商品構成全てを揃えるのでなく、卸先の売り場としての商品構成を分析し、空席、隙間を想定しつつ、メーカーそれぞれが独自の商品構成を持つべきかもしれない。**売り場の商品構成（売り場の品揃え）をにらみながら、どこに注力するか、どこを特化するかなど、戦略を考慮した構成が考えられる**だろう。

発想ポイント

戦略は商品構成に現れる。
どの客層をねらうか決めれば、強み弱みが見え、開発の方向が見えてくる。

3 看板商品・ロングセラー商品のパワー

売り上げを牽引する力

看板商品の威力

菓子店の方に看板商品（菓子）や、代表菓子をお伺いすると、イメージ上の看板商品を想像するらしく、箱詰めの焼き菓子などギフト商品を挙げる方が多いように感じられる。

一方、**消費者に菓子店の看板商品・代表菓子を聞くと、その店の人気商品で、一番売れていると思われるお菓子を答えてくれる**場合が多いように思われた。一致している場合もあるが、売り手と買い手の感覚の違いだろうか。

ここでは、消費者目線の看板商品をテーマとして考えてみたい。つまり、**わざわざ買いに行きたい「あの店のこの一品」であり、その店の売上トップのお菓子**を意味している。

仙台の秋保（あきう）温泉の入口付近に、食品スーパー“Ｓ”がある。菓子業界ではあまり知られていなかったようだが、ここの「秋保おはぎ」の売れ行きが、尋常ではない。食品スーパーであるため総合スーパーほど広い店ではないにも関わらず、幅１.8m位のリーチインケース３本全部、フードパック入りのおはぎであふれ、**来店客のほとんどが、これを買っている**のである。

小豆、きな粉、黒ゴマの３種（稀に納豆が販売されることがある）で、２個、３個、４個、６個などの入数のバリエーションがあった。遠方から秋保おはぎを買いたくて来るお客様も多く、２カ所ある駐車場が、いつも一杯で入りきれないほどだ。

同店の社長の著書によると、おはぎは「平均で１日５０００個、土日休日には１万個以上、お彼岸の中日は１日２万個売れる」そうである。同食品スーパー売上の５割が惣菜であり、そのうちの半分強がおはぎの売上げになるとのこと。**食品スーパー総売り上げの３割くらいが看板商品おはぎ**ということになりそうだ。**看板商品の磁力の大きさ**には、驚かされるばかりである。

開発のきっかけはお客様からの要望で、その内容は「**（家庭で作って食べて**

いた）昔ながらのおはぎ」だったようだ。それを開発コンセプトとし、昔の作り方がわからなくなっていたおはぎの復活は手さぐりで、困難を極めたようだが、それを乗り越え、その質の維持に、厳しい努力を続けているとのことだった。因みに、この食品スーパーの惣菜類など、他の商品も、同じ姿勢で貫かれていて、その「信頼感」がベースにあることも根強さにつながっていると考えられる。

和生菓子では、こういった看板商品、名物菓子がたくさん知られている。それぞれがロングセラー商品に育っている事実に驚くばかりだ。当然ながら和生菓子業界では、看板ロングセラー商品の威力はよく知られていて、これを育てるべく、「銘菓」作りが盛んにトライされている。伝説的な銘菓は、**昔ながらの伝統的お菓子、歴史や物語のあるお菓子などが多い**ように思われるが、サクセスストーリーが伝えられていれば、その分析をすることによって、看板商品作りの参考になるだろう。

洋生菓子の買い方と看板商品

洋菓子店で**ケーキ類を買う時は、通常ショーケースの前に立ってから、何を買うか決める人がほとんど**だそうだ。つまり、店に入るまでは、何を買うか計画を持っていない。指定したいものは無いということになる。

ところが、**ブームが起こった場合、ブーム商品の目的買いに変わる**消費者

が急増する。近年で言えば、特徴がはっきりしたロールケーキや、個性を打ち出したバウムクーヘンなどだろう。この中から、ブームで終わらず、看板商品に育って行くものが出てくる可能性がある。

以前ヒットしたなめらかプリン、はんじゅくチーズなど、爆発的に売れる商品を持っている洋菓子店がある。これらは看板商品としての力を発揮していたようだが、それが安定的に売り上げを引っ張り続けて行ってくれれば、本来的な看板商品になり、**ケーキなど生菓子も、指定買いが軸になる販売ができる**ようになるだろう。また、**指定買いが増えることで、ロイヤルカスタマーの増加につながり、ついで買いを誘い、経営の安定につながる**はずである。**看板商品は、売り上げの起爆剤になり、売り上げ全体を牽引してくれる**のだ。

看板商品の根強さ

前述したとおり、看板商品の価値は、昔も今も変わらず大きいものがあるが、時代の変化に伴って今までとは違った意味でも、価値が高まって行くかもしれない。

人口減少によって、店が成り立たないエリアや、高齢化によって買い物に行けない世帯が増えるなど、ネット販売等の宅配や移動販売が増加して行くことになるかもしれない状況になっている。こういう変化を受けて、菓子の購買は、どう変化して行くのだろうか。

菓子販売にとって強みのひとつは「ついで買い」だ。デパート、スーパー、駅ナカなどでは、菓子を買う予定のなかった人でも菓子を見たことで買う気になるとか、菓子店では目的の商品以外の菓子まで買っていただけて客単価が伸びるなど、リアルな店舗ではついで買いによって、販売が大きくプラスされている。ところが、ネッ

◆ロイヤルカスタマー

上得意客。特定の企業やブランドのものを繰り返し購買する顧客。固定客、常連客と同様な意味だが、ロイヤルカスタマーは、企業やブランドへの高い忠誠心が心理面での特徴。

◆ついで買い

何か買い物をしたついでに目的外の物を買うこと。何かをしに来たついでに予定していなかった物を買うこと。

ト販売や宅配になると、目的買いのみになりやすく、ついで買いはなくなってしまうかもしれない。大きな影響を受けるのは必至だ。そこで、**目的買い、指定買いしていただけるような、他店にない、個性のはっきりした、看板菓子を育てる必要が一層強まっている**のだ。

その上で、洋菓子で言うと商品構成の各ジャンル（マグネットアイテム、定番ケーキ類、ライトギフト［カジュアルギフト］、ギフト）に、それぞれ売れ筋商品を育てられれば、理想的で、強い経営が可能になるのではないだろうか。

ロングセラー商品の底力

流通量販菓子は、生菓子店とは違うだろうが、看板商品（代表商品）があることで、生活者（消費者）に与える信頼感が増し、イメージは大きく差がつくはずである。流通量販菓子にとって、**フェイス獲り（売り場の列確保）は生命線であるが、売り場カテゴリーをリードできるパワーのある代表商品を持っている企業は、より良い売り場でより多くのフェイス獲得・拡大ができる**だろう。

例えば、グリコのポッキー（プリッツを含む）は、この種の商品の代名詞的に使われることがあるほど、生活者に浸透している。こういった商品は、目立つ売り場を獲得できる可能性が高いばかりでなく、バリエーション商品を含めてフェイスを広く獲れる可能性が高い。この商品だけでなく、同様にカテゴリーを寡占してしまうほど強い商品はいくつかあるように思われる。こういった商品は、売り場を活性化し、市場をリードして行くための、大きな力になっているはずだ。

◆フェイス
商品陳列の最前列は、商品の正面（顔）を見せるため、こう言われる。一般的に売上はフェイス数に比例すると考えられ、拡販するには、列（顔）を増やすフェイス獲りが重視される。

商標登録の奨め

売れ行の見込めそうな商品が開発できたら、自店・自社の財産に育つ可能性があるため、**商品力を固有の力（ブランド力）に育てる**よう、特別に独自の名前を考えるべきだろう。生菓子系の店の場合、生菓子に独自の名前をつける習慣があまりないようだが、生菓子であっても、個性的で独自性があり、看板商品になりそうなものであれば、品種名だけでなく固有名をつける方が賢明だろう。その際、**固有名を商標登録する**ことをおすすめしたい。商標は、ブランドを構成する要素のうち、最も重要なものだ。なお、一般的な表現上の留意点としては、**わかりやすさとネット検索しやすさを考慮して、品種名と固有名を併記する**ことをおすすめしたい。

商標には、文字（名称）、図形、立体、音、色、動きなどがあり、登録できれば、商品ジャンル毎に、ひとつの名称等は１社しか使えないという、所有権が認められる。商標法によって定められているのだが、「菓子・パン」は30類に入っている。

商標について詳しくは、ネットや書籍でも調べられるし、弁理士にお聞きいただくのもいいだろう。心当たりの弁理士がいなければ、各地の商工会議所か商工会に問い合わせると、アドバイスしてくれるはずである。

名前を文字商標として取れば、他店で同じ名前は使えなくなる。権利は10年間所有でき、更新することもできるため、更新し忘れない限り権利は持続できる。

なお、TPPなど国際的な取り決めや、法律の改正によって、「商標」の権利内容等は変わってくるので、注意されたい。

発想ポイント　**看板商品は、売上だけでなく、信頼感を上げ、市場をリードするパワーになる。**

４「選ぶ」と「詰め合わせ」

売り場、顧客心理との連動を考える

ケーキのアソートの適否

随分前のことだが、ある菓子店が、ケーキの詰め合わせを売り出したことがあった。３～５個入りだったと記憶しているが、５種類位のアソート（詰め合わせ）バリエーションを考え、買いやすい価格に設定して箱に入れ、ショーケース内にバラ売りのものと一緒に並べて売ったのである。残念ながら、毎日夕方、売れない箱詰めのものをバラ売りに戻さなくてはならないことになり、結局アソート販売は止めてしまったのだった。

その後も、ケーキのアソート販売にトライする何店かの菓子店を見る機会があった。中にはバラ売りを全て止めて、アソートものだけにしてしまった店もあったのだが、いずれの店も期待した成果が得られなかったとみえて、ケーキのアソート販売を止めてしまったようである。

今まで様々な店を見てきたが、催事や値引き販売などを別にして、どうやら生ケーキは専門店でアソート販売するのには馴染まないのかもしれない。シュークリームやエクレア、プチフール・フレ（プチタイプの生ケーキ）のようなものはアソートものもあるが、**生ケーキは基本的にバラ売りが好まれるのだろう。生ケーキを買う時、お客様は好きなものを好きなだけ欲しいと思っている**のではないだろうか。ケーキは嗜好性が強いためなのかもしれないし、単価の高さ、ボリュームなども影響しているかもしれないのだが、アソートは難しそうだ。

和生菓子も、アソート販売だけではお客様が満足してくれない場合があるようで、特別なケースを除いて、バラ売りもして欲しいと要望されることが多いと言う。

焼き菓子アソートとチョイス

菓子業界草創期は別として、かつて**焼き菓子ギフトは、既にセットアップされた箱ものが主流**だったはずである。それに缶など多様な容器が加わり、パッケージは様々に工夫され、店頭に華やかな彩りを添えてきた。

その後、**セルフ販売の浸透や「選ぶ楽しさ」が強調され、顧客自身で選ぶ「自分好み」のギフトも人気を得る**ようになってきた。**ケーキだけでなく、焼き菓子やチョコレートなども、自分で選びたいと考える消費者・生活者が増加してきている**のだろう。ラッピング材のバリエーションが豊かになったのも、こういった流れと無縁ではない。

一般的に、**アソート商品は、詰め合わせたものがひとつの商品であるので、イメージの一貫性やバランスが大切にされ、構成する単品の個性はやや控えめになりやすい**ようだ。それに対して、**顧客が選ぶタイプのものは、単品の個性が強めのものが多い**ように見受けられる。アソート商品か、自由に詰め合わせする商品か、両用にするか、商品開発する上で、工夫が必要な重要ポイントになるだろう。

アソートものでの留意点は、他にもある。世帯当たりの人数が減少していることだ。2015（H.27）年の国勢調査によると、1世帯の平均は2.38人にまで減少している。商品にもよるだろうが、単身世帯の増加をも考慮すると、同じ商品を何個詰め合わせるか、工夫のしどころとなってくる。

【アソート・チョイス比較】

		アソート **詰め合わせ済み商品**	**チョイス** **自由に選んで詰める**
留意点		・トータルバランス 詰め合わせた全体でひとつの商品 ・詰め合わせによる相乗効果 ・売れ筋価格帯を充実させる	・単品の個性が強く、明確な差異化 ・単品だけでも売れる明快な価値 ・いろいろな商品の個性が楽しめる
長所	**客**	・買い物時間は短くできる ・選ばなければならない悩みの軽減	・欲しいもの、必要なものだけ選べる ・選ぶ楽しさがある ・贈り手の個性が出しやすい
	店	・客単価が上がる ・単品売上個数の平均化 ・詰め合わせの完成度を高めやすい	・アイテム増減が自由
短所	**客**	・欲しくないもの、不要なものまで 買わされる	・選ぶ煩わしさがある ・買い物時間が長くなる
	店	・商品を決定すると、変えにくい	・詰め合わせのイメージ統一が難しい ・商品管理が煩雑

ここで考えていただきたいことがある。時代の流れを見ると「自分で選ぶ」方向が目立って取り上げられているからといって、世の中の全ての消費者がどんな時でもそうなってしまうとは限らない。**来店客層や立地、顧客のその時のニーズ（必要性）やウォンツ（欲求）によって、何を求められるかが違ってくる**のではないだろうか。顧客インサイトが大切になってくる。

例えば、訪問先に行く時のビジネスマンは、**先様に失礼にならないものを早く買って行きたい…**と考えていることが想像される。その人にとって、どんなに素晴らしい商品であるとわかっていても、自分で選んで詰め合わせする時間や、心理的ゆとりはないだろう。**こういう場合には、フォーマルな雰囲気の詰め合わせ良品を、素早く提供することこそ、真のサービスになる**はずである。

また、日頃お世話になっている人で、好き嫌いがわかっている女性への贈りものを買おうとする女性客は、どう思うのだろうか。 **「（あなた様の）好みはわかっていますよ」という気持ちもにじませたい場合は、贈り主（購買客）自身が商品を選びたいと思う**ことも多いのに違いない。

さらに、もっと**親しい相手に贈りたい場合は、「あの人らしいね」と思って欲しい、贈り主の個性を出したいと思う場合もある**だろう。こういう時こそ、「顧客が選んだものを詰め合わせる」方法が望まれているのが、わかるはずである。

流通量販菓子の場合は、アソートの可能性が出てきているようだ。**催事時期やパーティもの、手土産等にチャンスはある。ゲーム感覚のおもしろい使い方や、おしゃれな組み合わせが提案できれば、人気商品が生み出せる**ように感じられる。少子化によって、市場がシュリンクする中、大人むけの商品として、新たな市場創造ができるかもしれない。

売り場との連動

ある洋菓子店のギフト商品のコーナーは、アソートもの売り場は店の入口近くに、バラ売りをチョイスして(選んで)箱詰めする売り場は、アソートものより奥にあった。

アソートものを買うお客様は急いでいる場合があることを考え、入口近くに売り場を設けて対応スピードを重視し、**自分で選びたいお客様は、急いでいる客に邪魔されることなく、店の奥の方でじっくり選んでいただくことを重視**したからなのだろう。客層、立地、店の広さによっても変わるのだろうが、素晴らしい顧客心理の読みである。

アソートものの売り場には、最も目立つ場所に売れ筋価格のものを集中させるべきだろう。見やすく・わかりやすくなるので、急ぎのお客様にとってありがたい売り場になるはずだ。また、**売れ筋価格帯の品ぞろえは、豊富に**するべきだろう。いくら素晴らしい商品でも、同じ方に何度も同じものを差し上げるのは気が引けると考えるお客様も多いのではないかと思われるからである。

顧客が選んで箱詰めを考える売り場には、お菓子を選ぶ時に入れるバスケットのようなものが必要だ。さら

◆ラッピング
包装すること。特に、プレゼントなどを特別な包装紙やリボン等を用いて、美しく包むこと。

に、それを**詰め合わせるパッケージも、アソート用の箱以外のパッケージのバリエーションがあって選ぶことができ、包装紙やリボンまで選べると、満足度は一層高まる**だろう。**メッセージカードなども用意されていると、嬉しい**かもしれない。

商品開発は、売り場とそこでの買われ方をイメージしながら考えることも、大切なのがわかってくるだろう。

アソートものと顧客がチョイスするものとの要点を、P.176で比較表にしておいたので、商品開発の参考にしていただきたい。

発想ポイント　**お客様の本音と心情を理解して、アソートものとチョイスものを考える。**

第6章

感性に訴える

1 器でマインドキャッチ

価値と好感度を上げる

パフェ…グラススイーツ

かつてパフェは、喫茶店、パーラーや、アメリカ発祥のチェーンレストランのデザートメニューとして親しまれていた、テーブルサービスを前提の外食アイテムだ。洋菓子店でも喫茶メニューにはあったが、ショーケースに陳列されるようになったのは、近年のことだろう。クレームブリュレなどの事例はあったが、長い間**外食のみだったメニューが、物販のスイーツとして、販売されるようになった**のは興味深い。「菓子店が、新しいジャンルを獲得した」とも言え、スイーツのフィールドは、垣根を超えて多様な広がりを見せてきている。

2002（H.14）年頃には、パリのパティスリーにも、グラスデザートが見られ、2008（H.20）年頃には日本にヴェリーヌが紹介された。

こういった流れとリンクしていたかどうかはわからないが、国内の洋菓子店の中にも、夏場のゼリーやプリン以外のグラスデザートを販売する店が、その頃、既に一部あったようである。

それまでは、「器に入れないと売ることができないのでカップを使う」といった実用的な器であって、容器代になるべくお金をかけないようにする場合の方が多かったような気がするが、**積極的にグラス容器に取り組んだことで、グラスデザート、グラススイーツという新鮮な商品群として目に映るようになってきた**･･･といったところだろうか。商品開発の幅が広がってきたことが感じられよう。

◆ヴェリーヌ（仏verrine）
グラスの中にムースやジュレ（ゼリー）などを層状に重ね、視覚的、味覚的に変化をもたせたデザート。日本には2008(H20)年頃に紹介される。

器による魅力作り

容器を使い始めたきっかけは、既に触れたとおり、軟らかすぎる素材や、バラバラになってしまう素材を、容器を使うことで商品化できるという「商品保護」の要素の強い実用性が主体だったのではないか。ところが、容器を使ってみると、**容器が商品の魅力を膨らませてくれる（付加価値）ことに気付いた**のだろう。**モノそのものだけでなく、器によって魅力度を高め、消費マインドをとらえる**意味は、想像以上に大きいという発見があったと思われる。

和菓子には昔から使われてきた**「用の美」とも言うべき風情のある、魅力的な器**が数多くあるのが知られている。水羊羹が入った竹筒、柿羊羹を流し入れた半割の竹、豆類などを入れた升、水飴の壷、貝殻を器にしたお菓子など、実用性を満たしてなお豊かな情趣が感じられる。

洋菓子業界の容器の魅力作りは、従来子供むけのキャラクターものや動物もの、可愛らしいカップ、大人向けのおしゃれなカップやビールゼリーのジョッキ風グラス、ココットや和風の陶器などの例があった。**商品に夢・楽しさを付加することと、食べた後何かに使える･･･アフターユースの魅力を意識していたのが特徴**だろうか。

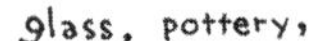

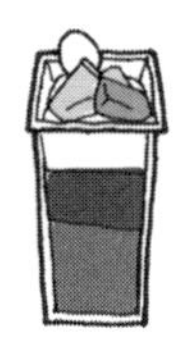

器による新しい価値付け

近年の変化は、**容器を工夫すれば、まったく新しい魅力を作り出せるという発見と、マインドキャッチ効果の実感だろう。器が、商品開発の有力な要素のひとつになった**と言えるかもしれない。

陶器などの焼き型兼用の器に生地を流したまま焼き上げた洋菓子や、陶器にガーゼを敷いた上に生地を詰めるデザートが話題になったことがある。更に、壷に生地を流し込んで焼き上げたケーキも登場してきた。商品に夢・楽しさを付け加えるだけでなく、**器が菓子と一体になって、新しい商品価値を作り出したといってもいいほどのインパクト**が感じられたのだ。

紙の器にホイルやフィルムを敷いてデザート仕立てにしたデザートバスケットが登場、注目を集めたこともあった。**器の役割を越え、完全に商品の一部となって新しい感覚を提案しただけでなく、食べたあとのゴミが捨てやすいという意味でも画期的**だった。耐熱性の紙器に生地を流し入れ、そのまま焼き上げて供するタイプのものも、この中に入るだろう。耐熱性紙器は、食べながら切り取ることができるのも、新しい用法である。

それまで**容器として使われたことの無いものを使用して印象度の強い、新しい魅力を作り出すというユニークなものも出てきた**。卵の殻を容器にしたプリンや、かごに入れたフレッシュチーズデザートなどがそれにあたるだろ

【器のマインドキャッチ】

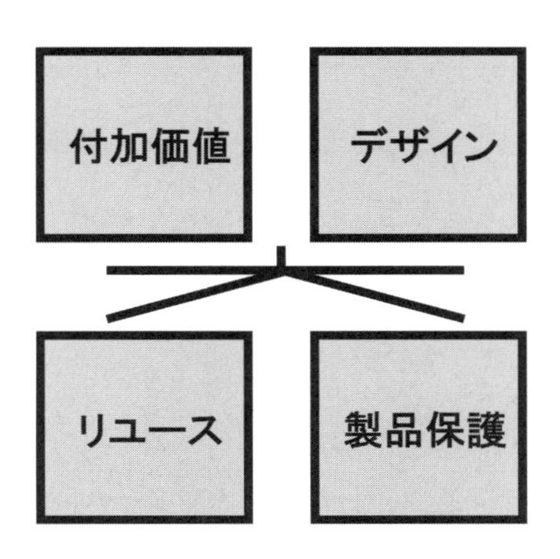

◆デザートバスケット
不定形で軟らかいデザート類を、菓子店などで販売できるよう工夫した商品。紙の器にホイルやフィルムを敷き、クリーム類やフルーツ等を盛り付け、デザート仕立てにしたもの。

う。**消費者のマインドをとらえるのに、器が果たしている役割は、想像以上に大きくなっている**ようである。

スタンディングパウチ風やガセット等、生菓子以外のギフトものに使われる包材類も、器と同様な働きをしている。デザインの力を含めて、商品力に大きく貢献しているのだ。

容器の安全性

容器使用の注意点は、安全性だ。今まで食品の容器に使われたことのないものを使用する場合、特に注意していただきたい。自店・自社での容器の保管状態を含めて、何らかの菌に汚染されていないものを使うのは当然のことだが、それ以外に、人体に悪影響を及ぼす危険性が心配される成分が使われている容器は避けるほうが賢明だろう。菓子に触れる部分の印刷インクなどにも、食品衛生上の制限があるので、包材メーカーに相談し、安全性には、くれぐれも注意していただきたい。

環境にやさしい容器に着目するのも、消費者の好感度を得られるだろう。たとえば、使用後はガレキになってしまう容器を使うより、リサイクルできるものを使うほうが、環境への配慮の意味で好まれるだろう。また、廃棄する容器の場合は、廃棄しやすいものを使うか、廃棄すれば自然に土に還るものを使うと、より一層マインドキャッチにつながるように感じられる。

再生紙使用も、同様に好感度はあげられるだろう。しかし、再生紙は食品に直接触れさせないほうが良さそうだ。人体に直接被害を与えるほどではないにしても、何らかの危惧を否定できないかもしれないので、現状では直接食品に触れるような使い方は避けるほうが賢明だろう。包材メーカーの情報をしっかり把握し、マスコミの報道にも気をつけて、人体に悪影響を与える疑いがある容器かどうかは、慎重にチェックすることをお奨めしたい。

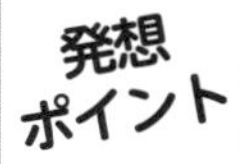

容器は価値を上げるための有力なツールであり、消費意欲の強力なスイッチになる。

2 価値アップパッケージング

デザイン性と機能性

パッケージの機能

焼き菓子ギフトものの売上が伸び悩んでいたため「思い切ってパッケージを変えたところ、売り上げが良くなった」と言ったパッケージについての話を聞くことがある。変更すれば全て売り上げがアップするというわけではないだろうが、パッケージは、商品力上重要な部分を担っていることがわかる。

その、パッケージ（package）は、一般的に箱のことだけだと思われやすいようだが、本来は「パック（包む）するもの」の意味であるので、もっと幅広い「包み」全てを指している。

ところで、「パッケージ」の機能には、どんなものが期待されるのだろうか。

①**商品の保護**

②**バリューアップ、イメージアップ（価値付け・価値アップ）**

③**セットアップ（詰め合わせる）**

④**携行性**

などが考えられるだろう。整理してみると右ページの図のようになる。セットアップは、価値アップにつながるだろうと考えられる。

商品の保護

商品の保護には、２種類がある。ひとつは①**形状の保護**で、形の崩れを防ぐことだ。もうひとつは湿気から守ること（防湿）や、光による商品の変質を防ぐこと（遮光）、通気性など、②**品質の保護**になる。

商品形状の保護をしてくれる紙器や木箱等の強度は、紙（木）質・厚み・形状によって変わってくる。防湿・遮光・ガスバリア性なども、紙やフィルム、木などの質が問題になり、専門的知識が必要になるので、パッケージ、包材

【パッケージの機能】

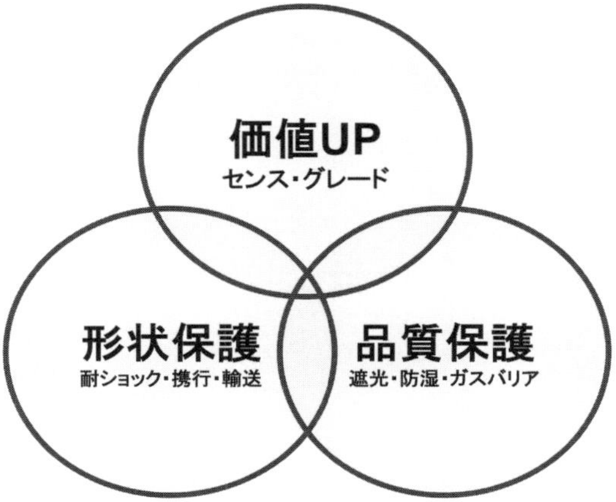

価値UP
センス・グレード

形状保護
耐ショック・携行・輸送

品質保護
遮光・防湿・ガスバリア

メーカー等専門家に相談することをお奨めしたい。品質劣化に関係してくるので、細部も納得できるまで、注意点を含めて、きちんと聞き取るようにしていただきたい。

価値を増幅する

卵の殻を容器にしてプリンを作り、卵をひとつずつ立てて並べる紙製のケースに入れて売る商品がヒットし、話題になったことがあった。卵屋さんの使う紙ケースに入れた本物の卵のように見せる手の込んだ遊び心と、「卵にこだわって作りました」というメッセージが伝わってくるようである。

同じようなものに、果物や野菜を使った菓子を、竹籠や赤い網袋に入れて果物等そのもののように販売したり、荷札を付けた輸送用のダンボール箱に似せたパッケージで売ったりするタイプもあった。

これらは、**原料に使った素材の販売形態を装う遊び心**であり、その**原料にこだわって作った良品であることをアピール**しているようにも感じられるパッケージの使い方だ。普通の四角な菓子箱で売るよりも、人目を引くし、イメージが良くなり価値感が上がって、印象に残りやすい。

商品のアップグレード化

特殊な例だけでなく、**パッケージによる付加価値付けは大きく、ショーアップに効果的**であることは、よく知られている。ただし、パッケージはあくまで「付加品質」であって、「本質品質」ではない。主役（本質）であるお菓子の価値が最優先されるべきで、その主役を光らせるのがパッケージであることを忘れないようにしたいものである。それだけに、「良く見せる方法」について、消費者をだますような使い方は、厳に慎むべきであることは、言うまでもない。

かつて観光土産の業界に多かった過大包装も、今ではほとんど見られなくなったように感じているが、実際はどうだろうか。下の表を見ていただきたい。全国観光土産品公正取引協議会が出している資料による過大包装の例だ。故意にすることは無いだろうが、製品保護を意識しすぎて、つい限度を超えてしまったといったことの無いよう、気をつけたい。

◆本質品質
味、素材、製法など、商品そのものの質。

◆付加品質
ネーミング、パッケージ、広告宣伝など、商品に付帯するものの質。

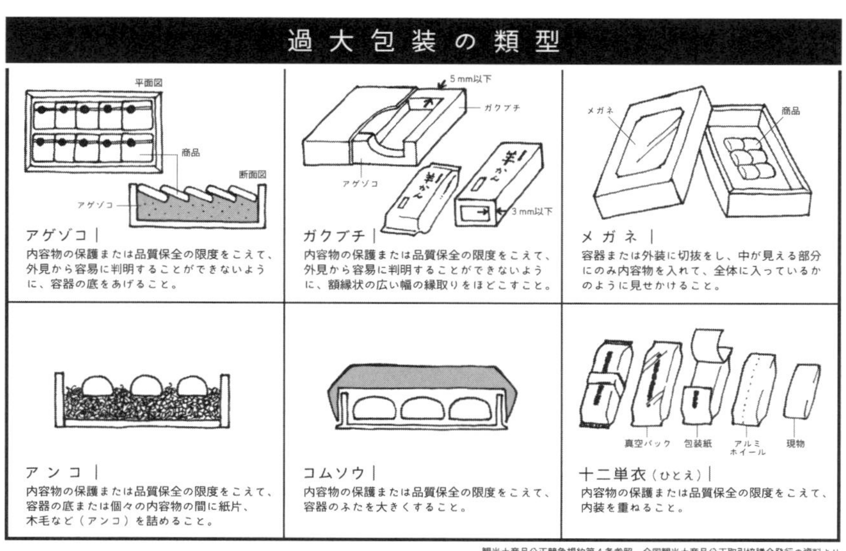

観光土産品公正競争規約第4条参照　全国観光土産品公正取引協議会発行の資料より

物語性・ゲーム性

これも以前から販売されているものだが、**地域に関連性のある本をテーマにし、本を模したパッケージに菓子を詰め合わせたもの**がある。表紙があり、目次のようなものもあって、本らしく仕立ててあり、お菓子はいろいろなものが詰め合わされるのが、一般的であるようだ。本の持つ物語性を活かして、詰め合わせる商品それぞれの原材料の産物や製品等を、そのストーリーに関連付けすることが、商品の魅力になってくる。ところが、どうしてもストーリーに合わせられないような商品になってしまう場合、個装やネーミング等でストーリーに合わせる工夫が必要になってくることもあるので注意が必要だ。パッケージングによって、商品としての完成度を高めることを目指すべきだろう。

パッケージを、コミュニケーションツールに使う場合もある。例えば「ありがとう」とか「いつも感謝しています」といった言葉で言うのは少々照れくさいけれど、家族や友達に伝えたいと思うコメントを、パッケージにプリントしたような商品だ。雰囲気作りが大切になるが、こんな変わったニーズの掘り起こしもできるのである。

ゲーム感覚のパッケージもある。例えば、クリスマスのような**催事を待つ時、カウントダウンのカレンダー小箱を、ひとつずつ開けて食べながら待つ**というタイプだ。毎日を楽しめるパッケージで、これなどは、パッケージの役割が、商品コンセプトと直結していて、パッケージ無しには考えられない商品である。

デザイン力と客層

わかりやすくするために、どうしても特殊な例が多くなってしまったが、通常の紙器等の影響も大きいものがある。どんなデザインにするのか、どんな手触りの紙を使うのか等々によって、商品としてのイメージは大きく変わってしまう。**パッケージは、消費者の「ワクワク感」「期待感」を、刺激することができる有力なツール**なのである。

チェーン展開をしている菓子店が、若い女性好みのおしゃれな縦型（四角柱状）の手提げパッケージに入れた焼き菓子を売り出したことがあった。当時人気のイラストレーターを起用し、話題になったのだが、意外なほど売れなかったのだ。菓子の入数が多い通常の平箱は売れていたため、手提げと同じ入数のまま、平箱に変更したところ、売れ始めたのである。

この例の場合、①狙った客層（ターゲット）の「若い女性」が、あまり来店していなかったことと、②主要客層から見ると、角柱状の手提げのパッケージは包装しないこともあって改まった感じがせず、カジュアルでボリューム感に欠けていたことが原因だったようだ。**客層によって、ニーズ・ウォンツが違い、好まれるパッケージは異なる**ことがわかってくる。

老舗の和菓子店が、それまでのパッケージを一新したことがあった。昔から使ってきた大和絵の動物を、黒地に金で、中央位置に以前よりやや小さ目に印刷、和モダン風の重箱イメージに変えたところ、以前にも増して売れるようになったのである。格調を崩さず、伝統的なデザインを現代に合わせてリ・デザイン（デザイン変更）したことが、成功要因だろう。

パッケージも、お客様のニーズ・ウォンツによって、求められるものが変わるのである。

発想ポイント パッケージは、商品価値のメッセンジャーであり、付加価値は大きい。

3 ネーミングの力…付加品質・意味性

購買動機のスイッチ

本質品質と付加品質…価値付け

「やさしい甘さでおいしい」「ふんわりした食感がいい」とか、「○○でしか取れない原材料を使っている」といったスイーツそのものに関する質は、「本質品質」と言う。これに対して、**パッケージやネーミング、広告宣伝などは、お菓子そのものではないので、「付加品質」**と言われている。

この「付加品質」のなかでも、パッケージと同様ネーミングは、購買動機に与える影響度の高さがよく知られている。例えば、「ネーミングに惹かれて買った」とか、「ネーミングを変えた途端に売れ出した」「ヒット要因はネーミングだ」といった話を聞くのは、**「付加」品質であるにも関わらず、影響力が大きい**ことを物語っている。本質品質に付加する品質…**ネーミングは、魅力付けであり価値付け**なのだ。

ネーミングで開発の方向づけ

一般的に菓子・スイーツ類のネーミングは、製品の開発が出来てから考える場合がほとんどだろうが、ギフト等の中にはネーミングが先に考えられ、商品はネーミングに沿ったものを目指す場合もある。つまり、「始めにネーミングありき」という開発、**「商品企画の柱はネーミング」というケース**もあるのだ。

わかりやすい例を挙げると、土産の多くは地名や地域の文化財、ご当地ゆかりの歴史上の人物などに因んだネーミングが、まず発想され、そのイメージに合うモノや、地域産品を使用した地域色豊かな商品の開発が目指されることが、多いようである。

ギフトなどで、自店の代表商品を作ろうという時にも、その志をネーミングに託し、それにふさわしいものを開発するという形をとる場合もあるだろう。つまり「**商品のコンセプト、開発の指針はネーミング**」ということになる。

ネーミングは商標（ブランド）

ネーミングの機能で大事なことは、他の商品と区別し、商品の個性を表現することだろう。**ブランド化**である。

また、ネーミングで忘れてはならないものに、「商標法」によって保障される権利としての「商標」がある。**商標には、商品名、社名等ネーミングのような「文字商標」、マークのような図など「図形商標」、人形や容器などの「立体商標」、新しく2015（H.27）年から加わった「音」、「動き」、「色」、「位置」等がある。商品ごとに分けられていて、「菓子、パン」は30類**だ。**申請し、審査を受けて取得すると10年間商標を所有する権利が認められ、更に更新を定期的に繰り返すと半永久的に権利を所有できる**制度である。

もっと詳しく知りたい場合は、ネット等で「商標」「商標登録」を調べるか、弁理士または各地の商工会議所や商工会にお聞きいただきたい。なお、TPP等国際的な取り決めによって、権利の所有年数などが変わる可能性があり得るので、注意する必要がある。

ネーミングのファクター

ネーミングには、どんな要素があるだろうか。

ネーミングは言葉で表現するので、まずは意味がついてまわる。難しい言葉や知らない外国語などは別として、最初に意識されるのは「**意味性**」ということになるだろう。

次に意識するのは、何だろうか。語呂が良いとか、歯切れが良いとか「音（**音韻性**）」に意識が移るかもしれない。買い手が意味を知らない言葉であったら、なおのこと、その言葉の響きが気になってくるだろう。

他には、ネーミングにどんな要素があるだろうか。スイーツにとって大切なイメージのひとつに、軟らかさや硬さ、伝統性や現代性の表現という要素

【ネーミングのファクター】

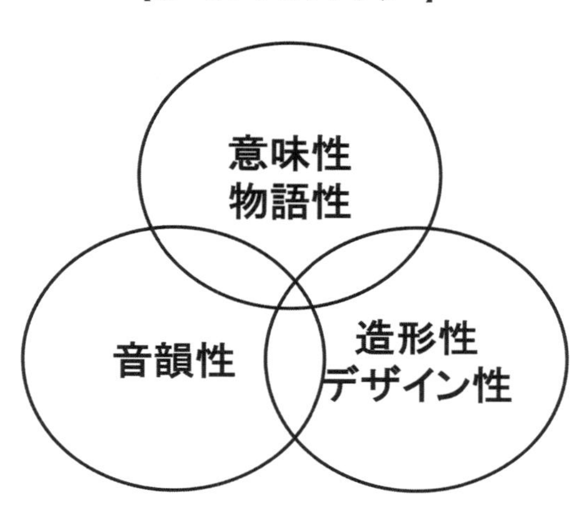

もあるだろう。文字の形は、こういったイメージを表すのにも力を発揮する。洋菓子は欧文表記が多いのだが、和文を使うことも多い。カタカナ、ひらがな、漢字の書体からうける形状のイメージの広がりも、大きな力になることがある。「**造形性・デザイン性**」だ。

ネーミングの意味性・物語性

ネーミングが言葉である以上、そこには必ず言葉の意味がある。ここでは、その**言葉そのものの意味だけでなく、言葉の後ろにある考え方や歴史などを含んだ物語をも指している**。商品のコンセプトや雰囲気等を魅力的に伝えるためには、こういった物語のふくらみをも含む「ネーミングの意味性」の果たす役割は大きいものがある。

例えば地名の「富士見坂」というネーミングを付けたとしよう。「その地域で富士山が最も美しく見える坂」というのが、本来の意味だとする。これだけでも、その地域にとっての財産なのだろうが、更にそこは「富士山から最も離れている富士が見える坂」かもしれないし、「故郷を離れる人を見送るために悲喜こもごもの思いで、多くの人達が立ち尽くした県境の坂」などという特異性がある所かもしれない。また、「戦国時代の有名な戦いがあった史跡の坂」…というようないわくつきの坂であるなら、多くの人を引き付ける魅力的なドラマが感じられるだろう。

こういった、**地域を廻る歴史、文化、民話、由来等と、そこに住む人たちとの関わりの中から、自然に生まれる物語のようなもの**が、言葉の意味だけではない**意味性のふくらみ**になってくる。また、その**お菓子や販売する菓子店と、そこに住む人たちとの関わりによる物語も、含まれてくる**だろう。ネーミングだけで細部まで伝えきる難しさはあるだろうが、匂わせることはできるように思われる。

前述のように、こういった**意味性は、他の商品との違いを際立たせ、価値づけし、顧客の購買動機のスイッチを押す引き金になるばかりでなく、リピーターになって行く魅力となる**のである。

このような物語は、一般の消費者全てが詳しく知っているはずもないので、当然ながら**表現しないと、お客様には伝わらない**。伝える手立ては、看板、ポスター等広告類、ツイッターやフェイスブックなどのソーシャルメディア、店頭ではＰＯＰ、プライスカード等、商品周りでは包装紙、しおり、個装紙など、**くどくならない程度に、お客様の目に何度も触れるように工夫**すると効果的に思われる。成否は、ここに大きく影響される可能性があるだろう。

発想ポイント　**ネーミングの意味性は、物語につながり、購買動機のスイッチになる。**

4 ネーミングの力…音韻性

発音するとイメージが変わる

「見る」と「聞く」とは違う

言葉は、文字で読む時と、発音した時とでは、印象が変わることがある。
例えば、「権太坂」という文字を見ると、「権」の文字の印象か、ややゴツさを感じるが、「ごんたざか」と発音してみると、「ごんた」といういたずらっ子の名前のような感じがあるからだろうか、なんとなくユーモラスに感じたり、時には可愛らしく感じたりすることさえあるだろう。
名称は、文字だけで表現されるわけではない。日常的には、会話などで音として伝えられることも多いのが普通だ。字面だけでなく、発音することで、イメージが一層良くなったり、マイナスイメージになったりすることに注意したい。**ネーミングは文字だけで判断せず、発音してみる**べきだろう。

リズム感

「マクドナルド」は、アメリカでは「マクダーナー」といったふうな発音をするのだが、日本ではなぜ「マクドナルド」なのだろうか。日本マクドナルドの初代社長藤田田（でん）氏の話によると、日本人が覚えやすく発音しやすくするために、3音ずつ区切れる「マクド／ナルド」にしたと言う。なかなかうまいネーミングだ。
更に分析してみると、巧みなのは、3音目に「ド」の同音繰り返し（脚韻）があり、m<u>a</u>k<u>u</u>d<u>o</u>／n<u>a</u>r<u>u</u>d<u>o</u>と、母音（ぼいん）a・u・oが繰り返されているのである。このリズミカルなネーミングはファストフードという気軽に利用できる業態にマッチして、軽快な楽しさが感じられるだろう。格調を求めたい時には向かないのだが、楽しさを出したい時や子供向けのものなどには、合いそうだ。

リズム感を表す手法には、次のいくつかがある。

リズム感を表現する手法
①同音や母音、類似音の繰り返し
②2，3，4音など同数音の繰り返し
③長音(延ばす音)の繰り返し
④「ン」（撥音 はつおん）の活用
⑤五七調、七五調…日本の定型律

リズミカルなネーミングは、明るさや活気を感じ、発音した時の心地よさと印象の強さがある。商品の性格を考えながら、効果的に使っていただきたい。

言語音には性質がある

スイーツらしいネーミングとか、お菓子屋さんらしい名前だとか言われることがある。言葉の意味が商品等にマッチしていること以外に、**発音してみるとやさしい感じの音であったり、かわいらしい感じの音であったりすること**を指す場合が多いように感じられる。スイーツだ

◆**韻(いん)**
同じ音の繰り返し。言葉の始めの音を繰り返すのを「頭韻」、末尾の音を繰り返すのを「脚韻」という。

◆**母音(ぼいん)**
a，i，u，e，o（あ、い、う、え、お）

【言語音の性質-1】

母音の強度（⬅強・ハード　ソフト・弱➡）

i	e	a	o	u

子音の強度

強・ハード	弱・ソフト
k, t, r p, b, d, g, z, j	s, n, h, m, y, w

母音の明度（⬅ 明・活発　落ち着き・暗➡）

a	e	i	o	u

子音の明度

明・活発	暗・落ち着き
k, t, r, s, h, y, w p	n, m b, d, g, z, j

けでなく、薬品、化粧品なども、かなり特徴的な傾向があるようだ。

言葉を意識して発音してみると、**言語音には強いものや弱いもの、明るく感じる音、やさしく感じる音など、様々な性質がある**ことがわかってくる。

左ページの図は、音の強弱と明暗を、感覚的にとらえて、音の性質を整理したものだ。これを参考に、ネーミングを考える時、音についても考えていただきたい。

母音と子音

音には母音と子音（しいん）がある。前述のように、「あ、い、う、え、お」が母音であり、それ以外の音は子音と母音の組み合わせからできているのは周知のとおりだ。ローマ字を思い出していただきたい。あ行は一文字でできているが、か行からは、ka,ki,ku,ke,koのように、子音と母音との組み合わせでできている。

この母音と子音を、強弱と明暗の二つの視点から整理してみた。

母音の強度は、発音する時の口の形を、緊張させて横に引っ張るほど、音は強くなる。また、**母音の明度は、口を大きく開けて発音するほど、明るく感じる**だろう。

あ行以外の音はどうだろうか。子音の強度や明度と、母音の強度・明度が組み合わされるため、母音ほどシンプルではなくなり、やや判断し難いところもあるのだが、およその感じはわかるだろう。

濁音、半濁音などの性格は、清音（あ行～わ行まで濁点やマル［半濁点］のつかない音）とは違った性格が読み取れるため、P.196で別表にしてみた。活用していただきたい。

今まで単音について書いたが、現実のネーミングは、複数の音の集合体であるから、他の音に影響されて、性格が強まったり、薄まったり、変質する場合もあるだろう。

強い音が最初に出てくるか、途中に出てくるか、後で出てくるかによっても違うだろうし、強い音が多いのか、弱い音が多いのか、またその組み合わせ等々様々な場合があって、簡単には断定できないのが現実だ。言葉としてまとまった場合は、単音の要素をひろいながら、何度も発音してみて、全体

【言語音の性質-2】

濁音	ガ、ザ、ダ、バ	強さ、重量感、伝統性
半濁音	パ、ピ、プ、ペ、ポ	明るさ、軽快感、現代性、ポピュラリティー クリアー
拗音	キャ、シャ、チャ	鋭さ、軽快感、明るさ、現代性
	ギャ、ジャ、ビャ	強さ、ドラマチック
	ニャ、ミャ	ソフト、ユーモア、可愛らしさ
撥音	ン	リズミカル、軽快感、明るさ
促音	小さい「ッ」	活気、強さ
長音	延ばす音「ー」	スピード感、のびやかさ、のんびり感 なめらかさ

としての印象を把握する必要があるだろう。

例えば、「フルール」という名前をつける場合を考えてみよう。意味を知らない人にとっては、最初の「フ」の軟らかさ、「ｒ」音の明るさと、その繰り返しのリズム感、長音「ー」による伸びやかさが感じられるだろう。更に母音が「ｕ」のみであることによってやさしさ、かわいらしさを感じる人もいるかもしれない。ふんわりソフトで、やさしいお菓子をイメージしそうだ。また、「フルール」が、フランス語の「花」であることを知った時、一層この思いを募らせることになるだろう。

商品名は、店員やお客様によって、何度も発音される。その時に、**商品のイメージや味に合った音であれば、その商品を一層引き立たせ、印象深いものになる**はずだ。スイーツは嗜好品であるので、**ネーミングと商品イメージの一致は、大きな相乗効果になる**だろう。

◆相乗効果
いくつかの要因が寄り合ってできる結果は、個々の結果を足したものよりも大きな効果になること。シナジー。

発想ポイント　**ネーミングは、音が作りだすイメージも活用できる。**

5 ネーミングの力…造形性

文字の形で雰囲気も変わる

文字の表情

日本語の表記には、三種類の文字が使われている。「はな」「ハナ」「花」のように、**ひらがな、カタカナ、漢字であるが、それぞれ特有の表情、雰囲気を持っている**。いくつかならべてみると、同じ言葉なのに、見た目の印象が違い、それぞれ別な味わいになることがわかってくる。

さくら	サクラ	桜
あじさい	アジサイ	紫陽花
もみじ	モミジ	紅葉
いちご	イチゴ	苺
まんじゅう	マンジュウ	饅頭
ようかん	ヨウカン	羊羹

同じ名称でも、文字が選べ、選ぶ文字によって違った表情を見せることができ、醸し出される雰囲気は、こんなにも違ってしまうことに驚かされる。**文字の形によるイメージ変化…造形性**とも言えそうな部分だろう。**日本特有の、文化的財産**といってもいいのではないだろうか。

ひらがな・カタカナ・漢字の肌触り

漢字は、文字そのものに意味がある表意文字である。知っている文字は、見ただけで意味がわかる意味性に優れた文字なのだが、**漢字は画数が多く角張っているためか、力強さや伝統を表現するのには適しているが、軽やかさや甘さなどはあまり感じられない**のではないだろうか。

ひらがなはどうだろう。**ひらがなは曲線が多く、線の数が少ないせいか、柔らかさ、優美さ、甘さなどを表現するのに適していそう**である。ひらがなの起源を考えると、その特徴がわかりやすい。ひらがなは、漢字の草書体が母型であり、女性が使う文字として発達した表音文字だ。例えば「あ」は「安」、「い」は「以」、「う」は「宇」などの草書から生まれたものであり、草書の持つ特徴に似通った性格になったものなのだろう。

カタカナは、中国の詩文を読みやすくするための送り仮名のような、補助的な文字として生まれ、男性に使われてきた表音文字である。例えば「ア」は「阿」の行書の「こざとへん」、「イ」は「伊」の「にんべん」、「ウ」は「宇」の「うかんむり」など、カタカナは漢字の一部から生まれたものである。そのため、漢字（楷書）の特徴である**硬さがあり、戦後の使われ方の影響で、科学的、現代的、国際的な雰囲気が強まった**ように感じられる。

文字の集まりであるネーミングも、文字の形の持つ雰囲気に影響されているだろう。つまり、**使う文字を選ぶことによって、ネーミングで表現したい雰囲気が、より強調できる**のである。

◆表意文字、表音文字
漢字のように、文字が意味を表すものを表意文字と言い、ひらがな、カタカナ、アルファベットのように文字に意味が無く、音だけを表すものを表音文字と言う。

アルファベットは４番目の文字

品名、店名、社名が、アルファベットだけで書かれている場合は、想像以上に多いのではないだろうか。日本なのに、まるで外国のようだ。英語、フランス語、イタリア語、ドイツ語、スペイン語などの外国語があふれ、アルファベットがあふれている。更に、日本語のローマ字表記、「花」を「HANA」と書くことで、全く違った雰囲気になることを、表現上の効果のひとつとして、柔軟にとりこんでしまい、文字表現の幅は一層広がっている。今や、**ひらがな、カタカナ、漢字と並んで、アルファベットはネーミング４番目の文字**になったと言ってもいいのではないか。

ひらがな、カタカナ、アルファベットは、表音文字だ。一字一字に意味は無いのだが、文字の形から醸し出されるイメージには、想像以上に大きい効果があることを忘れないで欲しい。

文字の持つ基本的なイメージは、P.200の表に示したような傾向になる。参考にしていただきたい。

文字デザインの効果

商品が市場に氾濫している時代にあって、**他の商品との「差異化された特徴」を表現し、「認知率」を上げて、「指定買い」に結びつける**ことの難しさは、改めて言うまでもないだろう。そこで、**印象に残るネーミング、覚えやすいネーミング、好感度の高いネーミング等の工夫を凝らしたほかに、消費者の目をとらえ、興味関心を引くための手法として、商品名をデザイン化する**ことが行われている。デザイン上、これを**指定書体…ロゴタイプ**と呼んでいて、パッケージデザインや、広告物の重要な構成要素になっている。

デザイン化された書体は、そうでない通常の文字と、あまり違いの無い文字から、全く違った文字まで、様々なものがある。その差異度は様々ながら、通常の文字よりも、生活者（消費者）は「文字の形」を意識することになるだろう。それを、何回も繰り返し見ているうちに、記憶に刷り込まれ、差異化され、人の思い出と結びつきながら独自のイメージが形成されて行くのである。

ネーミングに使われた文字の形（造形）だけでも、様々なイメージを持つこ

【文字の種類によるイメージ】

ひらがな	女性的（女文字） 漢字の草書体が起源・・・草書の特徴と似ている 柔らかさ、軟らかさ、やさしさ、優美、情緒、ウエット 表音性
カタカナ	男性的（男文字） 漢字の一部を用いたもの・・・楷書の特徴と似ている 硬質、鋭さ、科学的、現代的、国際的、ドライ 表音性、記号性
漢字	男性的 楷書・・・固さ、硬質、力強さ、重量感、伝統、正式、格式 行書・草書・・・柔らかさ、優美、情緒、流れ、略式 表意性
Alphabet アルファベット	外国文化、国際的イメージ 若者文化、現代性、ドライ 表音性、記号性、抽象性

とができるのは、既に書いた通りだが、それを**デザイン化することによって、更にイメージを強化し、他の商品との差異化を明確にする**ことができるのだ。

ヒット商品など様々なロゴタイプを思い出して欲しい。スイーツではないが、アマゾンのロゴの下の矢印のように何かを付け加えたり、文字の大きさを変えたり一部を重ねたりするなど、通常の文字との差異度はいろいろだが、気付きにくいところまで、様々な工夫が凝らされているものの多いことに気がつくだろう。スイーツの世界は、おしゃれなロゴタイプが多いのだが、繊細な気配りは一層強いかもしれない。人気デザイナーや書家を起用するのは、効果を大きくしたいからなのだろう。

より魅力的で、より印象を強め、販売に結びつける努力が、商品名のデザインにまで及んでいることが、よくわかる。その**デザインを確定して統一し、使い続けることが肝心**だ。**刷り込み効果とは、繰り返し繰り返し顧客にアピールし続けてこそ出せる**ものなのである。

◆ロゴタイプ

指定書体。ロゴは「言葉」、タイプは「タイプフェイス」のことを指し、「文字(タイプ)の顔」の意。略して「ロゴ」と言う場合が多い。
ロゴマークは、指定書体をマークと兼用で使うもののこと。SONY、Panasonicなど。
近年、「ロゴ」をマークやシンボルと同じ意味で使うことが増えてきたが、元来は上記のような意味である。

◆刷り込み効果

略して「刷り込み」とも言う。人の記憶に刷り込む(印刷する)ように、覚え込ませてしまうこと。その効果。

発想ポイント

文字の形で、イメージの強化と、メッセージをサポートする。

6 ブランディング

商品ブランドと企業ブランド

ブランドの必要性

以前食べたことのあるおいしいスイーツを、もう一度食べたいと思っても、そのスイーツの名前や、売っている店がわからなければ、食べることはできない。この二つのどちらか一方がわかっていれば、もう一度目的のスイーツにたどりつくことができるだろう。この二つの名前がブランドの代表的なものになる。**スイーツの名前が「商品ブランド」**で、**お店・企業の名前が「ストアブランド」、「企業ブランド」**である。

ここで気付くことは、**ブランドは多くの商品や店の中から、あるひとつを区別して示す**機能を持っているということだろう。これは、とても大切な機能であり、販売者にとってありがたい機能なのである。

ブランドは、買い物をする時の品物を選ぶ手がかりになるだけでなく、繰り返して買う場合の目印にもなるのだ。

ブランドは、商品開発に直接関係ないように思われるかもしれないが、商品として継続的に在り続けるためには買い続けられる必要があるわけで、リピーターの目印として無くてはならないものであることがわかるだろう。ブランドは、商品開発と密接につながってくるのである。

◆ブランド
語源は「バーンド」、原義は「焼印」で、他と識別できる表象。名称、デザイン、シンボルなどによる個別の価値の象徴。

生菓子とブランド

一般的に洋菓子店では、個々のケーキに固有の名前をつけている店は、ほとんどない。手土産やお土産として売る場合のチーズケーキやシュークリームでは、固有名をつけている店もあるが、全体から見るとわずかだ。和菓子も生菓子はそうであるし、ベーカリーのパンも、固有名をつけているものはほんの少しだと思われる。近年生菓子やパンなどにも、固有名をつける店が出始めてはいるが、まだまだ少数派だろう。

こういった生菓子やパンなど、日常消費的なものは商品ブランドを持たないものが多いため、個別の差異化イメージが伝わりにくく、指定買いが少なくなりやすい傾向にあり、消費者は買い物のしやすさで購入してしまっているのが実情だ。そこで、固有名をつけないという選択をした場合大切なのが、店名などの企業ブランドということになってくる。**企業ブランドによって他店との違い…「固有の価値」を意識させ、マインドシェアを高め、指定買いやリピート需要を起こさせることが、大切に**なってくるのだ。

ギフトとブランド

デイリーユースなど気軽に食べる生菓子や定番的な生菓子類は、商品ブランドを意識しないものが多い実状の中、ギフトの分野ではどうだろうか。

洋菓子と和菓子では、少し違いがあるようだ。和菓子の場合は、「銘菓」のパワーを日常的に感じているからだろうが、固有名をつけることが多いのに対して、洋菓子は「フィナンシェ」「マドレーヌ」のような菓子の種類か、パッケージには店名のみの表示で、呼び方は「焼き菓子

◆マインドシェア
心の中に占める企業やブランドの感覚的な割合。

◆デイリーユース
日常使うもの。

詰合せ」「スイーツセレクション」のような機能分類だけの名称が意外に多いように感じる。**詰合せ商品としての固有名を付け、ブランド形成した方が良い**ように考えるがどうだろうか。ここに、もうひとつ工夫の余地がありそうだ。

東北の洋菓子店で人気のチーズケーキ（冷凍販売のギフト）があり、東京のデパートの物産展で販売して好評だったため、翌年固有名（商標取得）をつけて販売したところ、爆発的に売れたという。ネーミング自体も良かったのだろうが、**名前をつけることで、その洋菓子店の顔や感性が感じられ、商品イメージが生まれ、固有の価値に自信を持っていることが伝わった**のではないだろうか。

工場の機械などに、人の名前をつけると、愛着がわき、機械を大切にするようになるそうである。**名付けたことによって、そこに意味付けがなされ、性格が生まれ、価値が備わってくる**からだろう。名付けることで、物に対する接し方が変わるのは、機械だけではない。他のものにも、同じような意識の変化は起こってくる。

ブランドを保護してくれるのは、「商標法」だが、名付けたネーミングを登録できれば商標としての権利が発生する。意識の上の価値だけでなく、法的な価値も生まれてくるのだ。(商標法を参照していただきたい)

ブランド構成要素

「ブランド」から連想する主たるものは、「名称」「マーク」「デザイン上の特徴」だろう。視覚に関わるものがほとんどだが、これ以外にも様々なものがある。右ページの図を見ていただきたい。

これらの中で、**日本の商標法が対象としているのは、**

◆物産展
地域の産物を紹介・展示・販売するイベント。

「商品名等（文字商標）」「マーク、シンボル（図形商標）」「キャラクター（図形商標、立体商標）」だ。**立体商標は、商品そのものの形や、容器も対象**になる。その後、**新しく2015（H.27）年からは、「音」、「動き」、「色」などが加わった。**詳しくは、ネットなどで「商標法」を調べていただきたい。

2015年10月に発表された記念すべき新分野1回目の登録は、音で「ふじっ子のおまめさん」「あ・じ・の・も・と」「おーいお茶（伊藤園）」等、動きで「風呂敷が四方に開いて酒瓶が現れる（菊正宗）」など。1回目では、色は登録にならなかったとのことだ。

法的な保護は別として、ブランドを構成する要素は多岐にわたる。コカコーラを例にすれば、名称…ネーミングもそれだけでなく、デザイン化された指定書体（ロゴタイプ）…リボン状の文字にも、強い識別力が生まれる。また、あの独特のボトルの形や、強烈なカラー・赤、「スカッとさわやか」「Drink」などいくつかあるキャッチコピー（キャッチフレーズ）も、強い識別力を持っている。これらは、**長期にわたる「ブランド」への強い思いと、徹底した管理があっての効果**であるので、**基本となる考え方をしっかり定め、ブレることなく継続することが肝要**だろう。

【ブランド構成要素】
ビジュアル（視覚的表現）

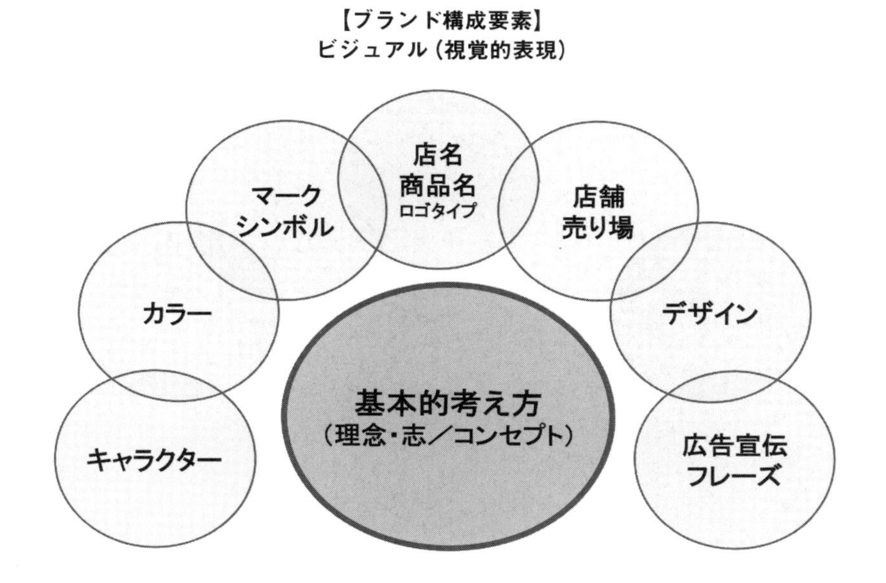

ブランディング

　ブランディングとは、**「競合するものと比較して、自社や自社商品を優位に感じさせるための、長期的なイメージ創造活動」**と言われている。長期にわたるのであるから、まずはブレないしっかりした考え方が必要になってくるだろう。要点を言うと、例えば、「より多くの人達に、癒しのある安くておいしいお菓子を提供する」のか、「地域文化の発展を目指して商品も店も磨き、時間と空間をお客様と共有したい」と考えるのか、極論するとお店・企業の**「生き方・方向性」を決めて、それが商品から店や接客に至る全てに表現されることが、ブランディングにつながる**のである。

◆ブランディング
競合するものと比較して、自社（自店）・自社（自店）商品を優位に感じさせるための長期的なイメージ創造活動。

**ブランドによって他との違い…
「固有の価値」を象徴し、マインドシェアを高め、
指定買いやリピート需要を起こさせる。**

著者紹介

山本候充

やまもと ときみつ

スイーツビジネスのマーケティングコンサルタント
1949年甲府生まれ。国学院大学卒業。
洋菓子・和菓子製造販売会社の企画室長を経て1985年独立。WHITE SPACE設立。
著書に「百菓辞典」、「日本銘菓事典」(以上、東京堂出版刊)、「洋菓子業界読本」(データファイル研究所刊)。雑誌「GÂTEAUX」に連載中。現在、山梨学院短大講師、日本菓子専門学校講師。

発行日　　2016年9月28日　初版発行

著　者　　山本候充（やまもと・ときみつ）

発行者　　早嶋　茂
制作者　　永瀬正人
発行所　　株式会社旭屋出版
東京都港区赤坂1-7-19キャピタル赤坂ビル8階　〒107－0052
電　話　03－3560－9065（販売）
03－3560－9066（編集）
FAX　03－3560－9071（販売）

旭屋出版ホームページ　http://www.asahiya-jp.com
郵便振替　00150-1-19572

イラスト　山本あゆみ
デザイン　株式会社スタジオゲット

印刷・製本　株式会社シナノ

ISBN978-4-7511-1232-8　C2077

定価はカバーに表示してあります。
落丁本、乱丁本はお取り替えします。